城市基础设施更新技术丛书
有限空间监护人员、作业人员用书

有限空间作业理论及实操

陈力华　张恩正　编　著

内 容 简 介

本书共7章，主要内容包括有限空间作业安全管理现状、安全生产相关的法律与制度、有限空间作业基本知识与风险辨识、有限空间作业流程、有限空间作业安全管理、有限空间作业应急管理和现场急救、有限空间安全作业设备设施等。

本书具有较强的指导性和实用性，可供有限空间监护人员、作业人员使用，也可供相关专业的学生学习参考。

图书在版编目(CIP)数据

有限空间作业理论及实操 / 陈力华，张恩正编著.
哈尔滨：哈尔滨工程大学出版社，2024.12. -- ISBN 978-7-5661-4577-2

Ⅰ.X93

中国国家版本馆 CIP 数据核字第 2024TP2102 号

有限空间作业理论及实操
YOUXIAN KONGJIAN ZUOYE LILUN JI SHICAO

选题策划	宗盼盼
责任编辑	宗盼盼
封面设计	李海波

出版发行	哈尔滨工程大学出版社
社　　址	哈尔滨市南岗区南通大街 145 号
邮政编码	150001
发行电话	0451-82519328
传　　真	0451-82519699
经　　销	新华书店
印　　刷	哈尔滨午阳印刷有限公司
开　　本	787 mm×1 092 mm　1/16
印　　张	11.5
字　　数	280 千字
版　　次	2024 年 12 月第 1 版
印　　次	2024 年 12 月第 1 次印刷
书　　号	ISBN 978-7-5661-4577-2
定　　价	78.00 元

http://www.hrbeupress.com
E-mail：heupress@ hrbeu.edu.cn

编 委 会

重庆工程职业技术学院：陈力华、张恩正、饶洎衔、陆春昌、瞿万波
重庆医科大学附属第一医院：陈涵
重庆市住房和城乡建设工程质量安全总站：应杰、莫冰晶
重庆市住房和城乡建设工程造价总站：谭国忠、吴红杰、王耀利、吴刚、
　　　　　　　　　　　　　　　　　　迟殿起、魏交
重庆高新技术产业开发区管理委员会建设局：杨超策、宋祥林
重庆市建设工程质量检验测试中心有限公司：何晖
重庆九龙半岛开发建设有限公司：张鹏
重庆市沙坪坝区住房保障中心：于雪飞
中建七局西南建设有限责任公司：陈国清、易杰、王昆
中建五局第三建设有限公司：吴雄、刘杰、孟佳
重庆鑫宫装饰工程有限公司：黄华建、张军、罗萍颖
重庆公诚建设监理有限公司：苏泽宏、罗晓雯
重庆克那维环保科技有限公司：张军、谢莉、曾张成、石东优
重庆市排水有限公司：杨仁凯
中国建筑第五工程局有限公司：李亚勇
重庆交通大学：王旭、谢贵林、姚志澜
重庆公共运输职业学院：唐晓松
四川省广元市职业高级中学校：邓友邦
重庆市铁路集团：陈宏明
重庆曾家岩大桥建设管理有限公司：刘勋
四川川能智网实业有限公司：曹骏
中国市政工程华北设计研究总院有限公司：黄万金
林同棪国际工程咨询(中国)有限公司：马念
中机中联工程有限公司：曾明
重庆市江北区住房和城乡建设委员会：蔡寿华
重庆市江北区城镇排水事务中心：王志、唐松涛

重庆市渝中区市政设施维护中心:李春辉、石磊
天津市政工程设计研究总院有限公司:吕耀志
重庆市排水有限公司:王靖
中交建筑集团有限公司:黄志伟、王东、李玉辉、韩建孝
重庆环保投资集团有限公司:张加强、余兵、张建国
重庆九龙半岛开发建设有限公司:张鹏

前　　言

《重庆市建设工程施工安全管理总站、重庆市建设岗位培训中心关于开展有限空间作业人员培训考核工作的通知》(渝建安发〔2023〕43号)将有限空间作业及监护人员纳入建筑施工特种作业人员管理范畴。文件规定,有限空间作业人员的培训考核涵盖安全技术理论考核和安全操作技能考核两个方面。安全技术理论考核内容包括:建筑安全相关法律法规、有限空间作业的主要风险识别、安全防护及通风设备设施的正确使用,以及事故应急处置等相关知识;安全操作技能考核内容包括:有限空间作业前的准备工作、气体检测报警仪器的正确使用、呼吸防护用品的规范穿戴、通风设备的操作、坠落防护用品的运用及事故应急处置等操作技能。

本书的编写目的是提高有限空间作业人员的安全意识、理论水平和操作技能,通过规范作业流程和提高应急处理能力,减少事故风险,确保人员安全,以及推动有限空间作业的规范化管理,提升整个行业的安全文化水平。

本书特点如下。

(1)本书在编写过程中严格依照重庆市《房屋建筑与市政基础设施有限空间作业人员考核大纲》以及《房屋建筑与市政基础设施有限空间监护人员考核大纲》的要求,确保内容全面覆盖考试大纲中列出的所有必需知识点。

(2)本书对当前中国有限空间作业安全管理的现状进行了调研,系统整理了涉及行业和地方的技术标准及政策文件,为广大从业人员提供了便捷的查阅资料和学习资源。

(3)本书包含200余个知识点,每个知识点的学习时间为5~10 min。这有利于技术人员利用零散时间,系统地掌握有限空间安全作业的相关知识。

(4)本书被设计成为一本实用的工具书,其中包含进行应急演练所需的人员和物资准备工作,以及应急演练的具体脚本,这些内容能够有效地指导企业独立组织和实施应急演练活动。此外,本书还收集了有限空间中常见的警示和宣传标志,为生产单位在有限空间作业时的安全警示教育和现场警示设置方面提供了参考。

(5)本书设计了典型案例分析的内容,通过分析具体案例,旨在提高读者对风险辨识的能力,并帮助他们积累相关经验,从而更好地应对实际工作中的挑战。

(6)本书提供了有限空间安全操作及应急救援的考核标准,可以让广大企业对照演练,便于通过实操考试。

本书的出版得到了重庆市建设工程施工安全管理总站、重庆市建设岗位培训中心、重庆市地下管线协会、重庆克那维科技环保有限公司的大力支持和协助，在此谨向上述单位的领导和专家表示衷心的感谢！

由于编著者能力和知识水平有限，书中难免存在错误之处，恳请广大读者批评指正。编著者邮箱：21077847@qq.com。

编著者

2024 年 5 月

目 录

第1章 有限空间作业安全管理现状 …………………………………………… 1
 1.1 目前有限空间作业的安全形势 …………………………………………… 1
 1.2 我国有限空间作业的相关制度 …………………………………………… 5
 1.3 国家、行业及地方的技术标准 …………………………………………… 5

第2章 安全生产相关的法律与制度 …………………………………………… 10
 2.1 我国的法律体系与法律的效力层级 …………………………………… 10
 2.2 《中华人民共和国安全生产法》 ………………………………………… 12
 2.3 《中华人民共和国刑法》 ………………………………………………… 22
 2.4 《建设工程安全生产管理条例》 ………………………………………… 24
 2.5 《中华人民共和国劳动法》 ……………………………………………… 27
 2.6 《中华人民共和国劳动合同法》 ………………………………………… 28
 2.7 《中华人民共和国职业病防治法》 ……………………………………… 30
 2.8 《中华人民共和国特种设备安全法》 …………………………………… 32
 2.9 《生产安全事故应急条例》 ……………………………………………… 33
 2.10 《生产安全事故报告和调查处理条例》 ………………………………… 34
 2.11 《特种作业人员安全技术培训考核管理规定》 ………………………… 36
 2.12 《建筑施工特种作业人员管理规定》 …………………………………… 38
 2.13 《危险性较大的分部分项工程安全管理规定》 ………………………… 39
 2.14 《工伤保险条例》 ………………………………………………………… 40
 2.15 《工贸企业有限空间作业安全规定》 …………………………………… 41
 2.16 《重庆市房屋建筑和市政基础设施工程有限空间作业施工
    安全管理规定（试行）》 ………………………………………………… 44
 2.17 《重庆市安全生产条例》 ………………………………………………… 45
 2.18 《重庆市建设工程安全生产管理办法》 ………………………………… 47
 2.19 《重庆市工伤保险实施办法》 …………………………………………… 49
 2.20 《重庆市住房和城乡建设委员会关于进一步做好房屋市政工程
    有限空间作业安全管理工作的通知》 ………………………………… 52

第3章 有限空间作业基本知识与风险辨识 ………………………………… 54
 3.1 有限空间作业基本知识 ………………………………………………… 54
 3.2 有限空间危险有害因素及风险辨识 …………………………………… 58

第 4 章　有限空间作业流程 ·· 73
4.1　作业审批 ·· 73
4.2　作业准备 ·· 76
4.3　安全作业 ·· 87
4.4　作业后管理 ·· 90
4.5　有限空间作业"十不准"与"十必须" ··· 90

第 5 章　有限空间作业安全管理 ··· 92
5.1　有限空间作业安全管理概述 ·· 92
5.2　有限空间作业安全生产规章制度 ··· 93
5.3　有限空间作业安全管理台账 ·· 94
5.4　有限空间作业发包管理 ··· 95
5.5　有限空间作业安全专项培训 ·· 95
5.6　有限空间作业安全检查 ··· 97
5.7　有限空间作业主要事故隐患排查 ··· 100
5.8　排水设施维护作业要求 ··· 102
5.9　作业现场消防要求 ·· 105
5.10　作业现场安全用电要求 ··· 108

第 6 章　有限空间作业应急管理和现场急救 ·· 110
6.1　有限空间作业应急救援预案 ·· 110
6.2　有限空间作业事故应急演练 ·· 114
6.3　有限空间作业事故应急救援实施 ··· 118

第 7 章　有限空间安全作业设备设施 ··· 129
7.1　气体检测报警仪 ·· 129
7.2　呼吸防护用品 ·· 132
7.3　坠落防护用品 ·· 136
7.4　救援设备 ·· 138
7.5　其他个体防护用品 ·· 139
7.6　其他安全设施 ·· 142

附录 ··· 148
附录 A　考核大纲 ·· 148
附录 B　有限空间作业应急演练指导手册 ··· 155
附录 C　有限空间安全标志 ·· 168

第1章　有限空间作业安全管理现状

1.1　目前有限空间作业的安全形势

有限空间作业具有点多、面广、作业量小、随机性大、人员需求少等特点。

1. 应急管理部统计数据

据统计,2013—2022 年,工贸行业共发生有限空间作业较大事故 95 起,导致死亡 357 人。根据近十年工贸行业有限空间作业事故的情况,人们从事故类型、危险因素、发生部位、作业环节、施救情况等方面对有限空间作业事故的特征进行了分析,结果如下。

(1) 从事故类型看,中毒和窒息造成的事故 92 起,导致死亡 346 人,分别占事故总起数的 96.8% 和事故总死亡人数的 96.9%。

(2) 从危险因素看,硫化氢和一氧化碳中毒造成的事故 76 起,导致死亡 294 人,分别占事故总起数的 80% 和事故总死亡人数的 82.4%。

(3) 从发生部位看,污水处理系统造成的相关事故 41 起,导致死亡 156 人,分别占事故总起数的 43.2% 和事故总死亡人数的 43.7%;炉窑、槽罐、纸浆池、腌制池等设备设施造成的相关事故 27 起,导致死亡 107 人,分别占事故总起数的 28.4% 和事故总死亡人数的 30%。

(4) 从作业环节看,清理、清淤环节发生事故 35 起,导致死亡 129 人,分别占事故总起数的 36.8% 和事故总死亡人数的 36.1%;检、维修作业环节发生事故 26 起,导致死亡 98 人,分别占事故总起数的 27.4% 和事故总死亡人数的 27.5%。

(5) 从施救情况看,盲目施救造成的相关事故 83 起,导致死亡 310 人,分别占事故总起数的 87.4% 和事故总死亡人数的 86.8%。

统计数据显示,盲目施救往往是导致事故扩大的关键因素。图 1.1 揭示了盲目施救如何导致事故恶化的过程:当一名作业人员发生中毒或窒息事故时,其他人员在未确保安全的前提下盲目进行救援,结果纷纷在有限空间内晕倒。如果能够加强相关教育,根除盲目施救的做法,那么有限空间作业事故的发生率有望大幅下降。

2.《27 起有限空间作业较大事故分析——基于官方事故调查报告》

杨振兴的文章《27 起有限空间作业较大事故分析——基于官方事故调查报告》指出,2016—2020 年全国共发生有限空间作业较大以上事故 173 起,导致死亡 604 人,平均约每 10 天一起,事故多发、频发,总量居高不下。有限空间作业较大以上事故起数占全国较大以上事故起数的比例从 2016 年的 4.5% 上升至 2019 年的 7.5%。

图1.1　有限空间盲目施救导致事故扩大

研究人员对2020年全国各地已公示的27起有限空间作业较大事故调查报告进行了分析并统计了事故原因频次,总结了有限空间作业事故发生的共性原因。统计显示,安全培训交底缺失、盲目施救、未配备有限空间作业必需的个人防护用品、未通风检测、供应商监管不到位、未辨识风险、安全管理制度不健全、应急响应机制缺陷及其他管理缺陷等事故原因居前。

(1)安全培训交底缺失。27起事故中全部存在安全培训交底缺失的情况,说明作业人员和救援人员的能力与意识是安全开展有限空间作业的决定性因素。

(2)盲目施救。27起事故中有25起存在未配备正压式呼吸器等应急装备就盲目开展施救的情况,造成事故伤亡人数扩大的惨痛后果。27起事故中救援人员遇难总人数达到54人,占全部遇难人数的60%,高于最初遇险人员数量。盲目施救是导致有限空间作业事故伤亡人数扩大的主要原因,也是有限空间作业事故预防的重点和难点之一。

(3)未配备有限空间作业必需的个人防护用品。在27起事故中,未配备有限空间作业必需的个人防护用品的有23起,占事故总起数的85%,这是导致事故发生的主要原因之一。基于现场风险辨识选择适用的个人防护用品,可以保障作业人员和应急救援人员在不同环境中的人身安全。

(4)未通风检测。在27起事故中,未严格遵循"先通风、再检测、后作业"的原则的有20起,占事故总起数的74%,亦是导致事故发生的主要原因之一。作业前将有限空间进行彻底隔离、隔断、清扫或清洗,进行充分通风和检测,充分排除有限空间中的有毒有害、易燃易爆物质,再通过合理布置检测点位来确认整个有限空间的空气成分是否处于安全范围。作业过程中基于风险考虑持续通风和监测措施,能有效预防有毒有害、易燃易爆气体积聚,防止中毒窒息、爆炸事故发生。

(5)供应商监管不到位。27起事故中有18起是由外包或施工供应商作业引起的,占事故总起数的67%,这暴露出当前供应商有限空间作业的管理存在较大盲区,部分企业对有限空间作业外包作业管理不到位,以包代管,没有履行安全监督管理职责。

(6)未辨识风险。27起事故中有14起在作业前未辨识风险,占事故总起数的52%。基于作业环境的不同,有限空间的风险存在很大的不确定性。因为空间狭窄,自然通风不良,有限空间内易造成有毒有害、易燃易爆物质积聚或者氧含量不足,或存在淹溺、坍塌掩埋、触电、机械伤害等其他有害因素,一旦在作业前未辨识风险或对风险辨识不全,未能采取相对应的安全措施,就极易导致事故发生。

(7)安全管理制度不健全。27起事故中有13起存在未建立有限空间作业等安全管理制度、有 10 起存在安全责任制不健全、有 10 起存在未建立安全操作规程或安全施工方案等问题，这暴露出部分企业有限空间作业安全管理不规范。制定和完善有限空间作业相关安全管理制度和操作规程并监督落实，是保障有限空间作业安全的基石。

（8）应急响应机制缺陷。27 起事故中有 9 起未建立应急预案、有 9 起未配备应急装备、有 7 起未开展应急演练，这充分暴露出部分企业对于有限空间作业的应急响应机制建立和应急资源投入存在严重缺陷，这也与盲目施救导致伤亡扩大具有一定因果关系。

（9）其他管理缺陷。27 起事故中有 9 起未设置警示标志、有 9 起未设置安全管理机构或专兼职安全管理人员、有 8 起违章指挥、有 8 起未进行作业审批、有 7 起未履行在岗安全管理职责、有 3 起个人防护用品选型错误、有 3 起未安装固定式气体探头等安全装置、有 3 起设备故障缺陷，这从各个方面暴露出部分企业在有限空间作业安全管理的体制、机制上存在较大缺陷，有限空间作业安全管理基础仍很薄弱。

3.《有限空间作业生产安全事故探究——基于北京市有限作业空间事故统计分析》

（1）有限空间作业事故特点

为明晰有限空间作业事故特点，李微、李振宇、张琪的文章《有限空间作业生产安全事故探究——基于北京市有限作业空间事故统计分析》以北京市 2011—2020 年发生的 26 起有限空间中毒窒息事故为例，分别从事故月份、事故发生地点、事故空间类型、事故原因四个方面进行分析。

①事故月份。事故主要集中在夏季，7 月为高发期，6 月、8 月、9 月为易发期。事故高发月份具有明显的季节特征（夏季为易发、高发季节），主要原因如下。

a. 有限空间通风不良的自身条件，在夏季温度高的情况下易出现有毒有害、易燃易爆物质积聚或氧含量不足的情况。

b. 有限空间内多数存在因排水不畅或雨期积聚的积水，夏季微生物易发酵分解消耗氧气并生成有毒气体，而且夏季清淤、巡检等季节性任务较多。

c. 由于夏季气温普遍较高，作业人员佩戴呼吸用具、安全绳等个体防护用品感觉闷热、行动不便。

②事故发生地点。有限空间作业事故主要集中在国内生产总值（GDP）高、常住人口数量多的城区，这是因为区域内需提供的地上、地下服务设施多，有限空间作业量较大。同时，地区经济发展水平、常住人口数量等因素在一定程度上也对区域累计有限空间作业事故有显著影响。

③事故空间类型。污水井（池）的有限空间作业事故起数占比最高（46.154%），并且除污水井（池）以外的 10 起地下有限空间作业事故中也有 4 起明确与污水有关。主要原因是污水中环境复杂，有毒有害物质积聚较多，作业风险显著高于其他有限空间区域。

④事故原因。作业前未通风、未检测占事故比例的 73.077%。由结果可以看出，有限空间作业辨识不清、通风检测不达标，是导致事故发生的重要原因。

（2）有限空间作业现状存在的主要问题

①经济发展带来的有限空间作业体量增加。伴随城镇化经济高速发展,人口聚集效应带来的公共基础设施建设、维护、检修等业务体量增加。城市燃气管道、给水管道、雨水管道、污水管道及其他地下设施作为公共基础设施的重要部分,设施体量、业务体量双剧增势必带来安全管理的压力。受企业自治不达标、行业自律约束低、社会监督时效差的影响,依赖政府监管肯定不能覆盖有限空间作业的全部类型和面域。

②作业条件未确认带来的有限空间辨识不清。企业主要负责人、管理人员对经营范围涉及的有限空间辨识不清,作业风险认识不足,隐患排查能力弱,制度、台账建立不健全等。管理人员对作业危险意识不足,现场脱岗、顶岗,不能在现场实时监护。作业人员未经培训直接安排作业,个体防护用品配备不足,安全措施不到位,安全管理形同虚设。事故发生时,往往检测通风设备、个体防护、救援设备配备不足,未制定预案,未组织演练,盲目施救导致事故扩大。

③以包代管带来的劳务方监管薄弱。有限空间作业条件差,多起事故均有分包方作业人员参与其中,分包方作为企业独立法人,应对本企业自有作业人员进行承揽业务范围内的专项安全培训,包含基础安全知识培训、作业环境认知培训、操作技能培训、安全防护穿戴培训、应急处置能力培训等专项培训。总承包方管理人员有义务在承揽合同、安全协议、班前教育、安全交底等文件中,告知作业人员作业环境的复杂性、作业可能存在的风险、作业安全及个体防护要求、应急救援措施,并对作业过程进行实时监管。但通常限于分包方安全管理机构建设不全、安全管理人员履职能力低的问题,常常不能与总承包方的培训、交底形成合力。

④社会层面对于有限空间作业安全的忽视,导致了防控工作中的诸多漏洞。由于人、物、管理及环境因素的多变性和不确定性,有限空间的界定在一定程度上呈现出动态性。在常规情况下,诸如沼气池、储水池、地窖等有限空间普遍存在安全风险。因此,全面推广并普及正确的防范措施和救援方法,对于提前预防有限空间作业事故至关重要。唯有如此,才能有效减少因盲目施救而导致的伤亡人数,降低事故扩大化带来的负面影响。

4.《有限空间作业安全管理与事故分析》

包啸龙的文章《有限空间作业安全管理与事故分析》收集了2019—2022年39起有限空间作业事故信息(不完全统计),39起事故发生在各个地区的各个行业,共造成97人死亡。

在39起事故中,较大事故有20起,占事故总起数的51.28%(6人死亡事故1起,4人死亡事故3起,3人死亡事故16起);一般事故有19起,占事故总起数的48.72%(2人死亡事故12起,1人死亡事故7起)。

盲目施救导致16人死亡,死亡人数占事故总死亡人数的16.49%。盲目施救导致7起事故由一般事故变为较大事故。

在39起事故中,建设施工过程中发生的事故有13起,占事故总起数的33.33%(1起人工挖孔桩事故,其余12起为建设项目范围内地下管道井作业事故);工业罐体等装置内发生的事故有10起,占事故总起数的25.64%;下水管道、井、泵站等清淤维修发生的事故有16起,占事故总起数的41.03%。

在39起事故中,中毒窒息造成的事故有29起,占事故总起数的74.36%;窒息造成的事故有9起,占事故总起数的23.08%,其他原因造成的事故有1起,占事故总起数的2.56%。

39 起事故原因分析:30 起事故是未进行气体检测和及时通风所致,占事故总起数的 76.92%;9 起事故是由于设备故障、违规操作等因素造成的,占事故总起数的 23.08%。

通过事故分析发现,有限空间作业事故发生的主要原因是未及时通风并未对气体进行检测,从而导致人员中毒窒息。有限空间作业事故一般以上为较大事故。建设施工过程中发生有限空间作业施工的占有限空间作业施工的 1/3。

1.2 我国有限空间作业的相关制度

目前主要涉及有限空间作业安全管理的文件如下。

(1)《工贸企业有限空间作业安全规定》(2023 年 11 月 29 日中华人民共和国应急管理部令第 13 号公布,自 2024 年 1 月 1 日起施行)。

(2)《有限空间作业事故安全施救指南》(应救协调〔2021〕5 号)。

(3)《工贸企业有限空间重点监管目录》(应急厅〔2023〕37 号)。

(4)《应急管理部办公厅关于印发〈有限空间作业安全指导手册〉和 4 个专题系列折页的通知》(应急厅函〔2020〕299 号)。

(5)《工贸企业有限空间作业安全 50 问(2024 年版)》。

(6)《重庆市房屋建筑和市政基础设施工程有限空间作业施工安全管理规定(试行)》(渝建质安〔2022〕64 号)。

(7)《重庆市住房和城乡建设委员会关于进一步做好房屋市政工程有限空间作业安全管理工作的通知》(渝建质安〔2023〕37 号)。

(8)《重庆市建设工程施工安全管理总站、重庆市建设岗位培训中心关于开展有限空间作业人员培训考核工作的通知》(渝建安发〔2023〕43 号)。

1.3 国家、行业及地方的技术标准

目前国家、行业及地方的技术标准中涉及有限空间安全作业的标准见表 1.1。

表 1.1 目前国家、行业及地方的技术标准中涉及有限空间安全作业的标准

标准编号	标准名称	发布部门	标准概况	适用范围	实施日期
CB/T 4544—2023	《船舶行业企业有限空间作业安全管理要求》	中华人民共和国工业和信息化部	本文件规定了船舶建造过程中有限空间的管理职责、作业管理要求等	本文件适用于船舶建造过程中的有限空间作业的风险辨识、隐患排查工作	2024-07-01

表1.1(续1)

标准编号	标准名称	发布部门	标准概况	适用范围	实施日期
DB11/T 1135—2014	《供热管线有限空间高温高湿作业安全技术规程》	北京市质量技术监督局	本标准规定了供热管线有限空间高温高湿环境下作业时的基本要求、作业环境、作业防护、热水管道作业、蒸汽管道作业以及作业应急管理等内容	本标准适用于供热管线有限空间高温高湿环境下的施工、运行、维护、检修和抢修等作业	2015-07-01
DB11/T 1584—2018	《有限空间中毒和窒息事故勘查作业规范》	北京市市场监督管理局	本标准规定了有限空间中毒和窒息事故勘查基本要求、勘查前准备、现场危害识别与评估、样品采集与检测及勘查报告要求	本标准适用于有限空间中毒和窒息事故原因认定的技术勘查溯源工作	2019-07-01
DB11/T 852—2019	《有限空间作业安全技术规范》	北京市市场监督管理局	本标准规定了有限空间作业环境分级标准、作业前准备、作业和安全管理的技术要求	本标准适用于有限空间常规作业及其安全管理	2020-04-01
DB13/T 5023—2019	《有限空间作业安全规范》	河北省市场监督管理局	本标准规定了生产经营单位涉及有限空间作业的安全风险辨识、作业流程、安全技术要求以及作业人员个体防护装备的配备等规范性安全要求	本标准适用于冶金、有色、建材、机械、轻工、纺织、烟草、商贸行业生产经营单位的有限空间作业。本标准不适用于煤矿、非煤矿山、危险化学品等有限空间作业	2019-08-01
DB13/T 5615.3—2023	《重点行业领域生产安全事故应急演练规范 第3部分:有限空间作业》	河北省市场监督管理局	本文件规定了有限空间作业生产安全事故应急演练的策划、准备、实施、评估总结和持续改进规范性要求	本文件适用于冶金、危化等行业生产经营单位的有限空间作业应急演练活动	2023-08-28

第1章　有限空间作业安全管理现状

表1.1(续2)

标准编号	标准名称	发布部门	标准概况	适用范围	实施日期
DB13/T 5835—2023	《有限空间作业安全技术培训大纲及考核规范》	河北省市场监督管理局	本文件规定了有限空间作业安全技术培训及考核的基本要求、培训内容、培训学时、考核要点、考核方式、考核要求、考核管理等内容	本文件适用于对涉及有限空间作业的相关人员进行的安全技术培训及考核	2023-11-25
DB14/T 2124—2020	《冶金工贸企业有限空间作业安全规范》	山西省市场监督管理局	本标准规定了冶金工贸企业有限空间作业的术语和定义、危险有害因素识别、作业要求、安全管理和《有限空间危险作业审批表》的管理	本标准适用于山西省内冶金工贸企业的有限空间作业	2020-12-01
DB23/T 1791—2021	《有限空间作业安全技术规范》	黑龙江省市场监督管理	本文件规定了有限空间作业危险和有害因素识别、安全技术及安全管理要求	本文件适用于黑龙江省生产经营单位的有限空间作业。行政事业单位有限空间作业参照执行。本文件不适用于矿山井下作业、核工业造成的辐射及其他辐射造成伤害的有限空间作业	2021-07-03
DB32/T 3848—2020	《有限空间作业安全操作规范》	江苏省市场监督管理局	本标准规定了生产经营单位有限空间作业的作业前、作业中、作业后的安全技术要求，培训教育，应急管理等	本标准适用于生产经营单位的有限空间作业。行政事业单位有限空间作业，参照本标准执行；其他行业有对有限空间专业标准规定的，执行相关标准。本标准不适用于井下作业、核工业辐射及其他辐射伤害的有限作业空间	2020-08-29

表 1.1(续 3)

标准编号	标准名称	发布部门	标准概况	适用范围	实施日期
DB33/T 1149—2018	《城镇供排水有限空间作业安全规程》	浙江省住房和城乡建设厅	为加强对城镇供排水有限空间作业的安全管理,保障运行维护作业的安全,制定本规程	本规程适用于在城镇供排水有限空间内进行运行维护作业的安全管理	2018-11-01
DB41/T 2107—2021	《有限空间作业安全技术规范》	河南省市场监督管理局	本文件规定了有限空间作业的危险有害因素识别、安全技术要求、安全管理要求、防护装备设施配备与管理	本文件适用于有限空间作业	2021-07-12
DB5101/T 120—2021	《生产经营单位有限空间安全管理规范》	成都市市场监督管理局	本文件规定了有限空间的日常安全管理、作业安全管理以及应急救援管理等要求	本文件适用于成都市生产经营单位的有限空间安全管理	2021-04-21
DB64/ 802—2012	《有限空间作业安全技术规范》	宁夏回族自治区质量技术监督局	本标准规定了有限空间作业安全技术规范的术语和定义、危险有害因素识别、安全技术要求	本标准适用于生产经营单位的有限空间安全作业。行政事业单位有限空间作业参照本规范执行	2012-11-20
DL/T 2520—2022	《电力管道有限空间作业安全技术规范》	国家能源局	本文件规定了电力管道有限空间作业的一般要求、作业程序、应急救援的安全技术要求	本文件适用于电力施工及运维行业自行开展的进出电力隧道、工作井等电力管道有限空间的作业	2022-11-13
T/CCAS 014.8—2022	《水泥企业安全管理导则 第8部分:水泥工厂有限空间作业安全管理》	中国水泥协会	本文件规定了水泥工厂有限空间作业的术语和定义、有限空间作业分级、有限空间作业基本要求、有限空间作业过程控制与防护,以及有限空间作业许可管理	本文件适用于水泥工厂和相关方入厂作业人员在有限空间作业的指导	2022-07-01

表1.1(续4)

标准编号	标准名称	发布部门	标准概况	适用范围	实施日期
YC/T 613—2024	《烟草企业有限空间作业安全技术规范》	国家烟草专卖局	本文件规定了烟草企业有限空间及作业安全风险识别,有限空间作业前准备、有限空间作业安全要求及安全管理要求	本文件适用于烟草加工单位和烟草商业生产经营单位。烟草配套和多元化投资的其他生产经营单位,如醋酸纤维、烟草印刷等单位参照执行	2024-05-01
DB33/T 707—2022	《工贸企业受限空间作业安全技术规范》	浙江省市场监督管理局	本标准规定了受限空间作业一般要求、作业流程、应急措施等的安全基本要求	本标准适用于冶金、有色、建材、机械、轻工、纺织、烟草和商贸等工贸企业的受限空间作业	2022-02-12
GBZ/T 205—2007	《密闭空间作业职业危害防护规范》	中华人民共和国卫生部(现中华人民共和国国家卫生和计划生育委员会)	本标准规定了密闭空间作业职业危害防护有关人员的职责、控制措施和相关技术要求	本标准适用于用人单位密闭空间作业的职业危害防护	2008-03-01
GBZ/T 206—2007	《密闭空间直读式仪器气体检测规范》	中华人民共和国卫生部	本标准规定了使用直读式气体检测仪检测密闭空间空气中有毒有害气体的技术要求和方法	本标准适用于使用直读式气体检测仪检测密闭空间空气中有毒有害气体	2008-03-01
GBZ/T 222—2009	《密闭空间直读式气体检测仪选用指南》	中华人民共和国卫生部	本标准规定了密闭空间直读式气体检测仪的选用原则、技术和使用要求	本标准适用于密闭空间的直读式气体检测仪的选用	2010-06-01

第2章　安全生产相关的法律与制度

2.1　我国的法律体系与法律的效力层级

1. 我国的法律体系

(1) 法的定义

法律是由国家制定或认可并以国家强制力保证实施的,反映由特定物质生活条件所决定的统治阶级意志的规范体系。

广义的法律是指法律的整体,包括宪法、法律、行政法规、部门规章、地方性法规和地方政府规章等。

狭义的法律是指由全国人民代表大会及其常务委员会制定的法律。

我国法律体系图如图2.1所示。

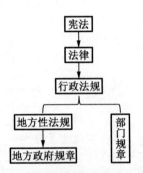

图 2.1　我国法律体系图

(2) 法的形式

当代中国法的形式包括宪法、法律、行政法规、部门规章、地方性法规和地方政府规章等,这些法的制定机关及特征见表2.1。

表 2.1　我国法律特征

法的形式	制定机关	名称特征
宪法	全国人民代表大会	《中华人民共和国宪法》
法律	全国人民代表大会及其常务委员会	通常以"法"字结尾,如《中华人民共和国城乡规划法》《中华人民共和国建筑法》《中华人民共和国招标投标法》《中华人民共和国合同法》

表 2.1(续)

法的形式	制定机关	名称特征
行政法规	中华人民共和国国务院	通常以"条例"结尾,如《建设工程勘察设计管理条例》《建设工程质量管理条例》《建设工程安全生产管理条例》《中华人民共和国招标投标法实施条例》
部门规章	国务院各部、委员会、中国人民银行、审计署和具有行政管理职能的直属机构	通常以"规定""办法""实施细则"结尾,如《必须招标的工程项目规定》《房屋建筑和市政基础设施工程质量监督管理规定》
地方性法规	省、自治区、直辖市的人民代表大会及其常务委员会,省、设区的市的人民代表大会及其常务委员会,以及国务院批准的较大的市的人民代表大会及其常务委员会	通常以"地名"开头,"条例"结尾,如《北京市建筑市场管理条例》
地方政府规章	省、自治区、直辖市和较大的市的人民政府	通常以"地名"开头,"规定""办法"结尾,如《北京市城市轨道交通管理办法》

(3)法的分类

根据法的效力、内容和制定程序的不同,法可分为根本法和普通法。根本法即宪法,普通法即宪法以外的其他法律。

根据法的适用范围的不同,法可分为一般法和特别法。一般法是指对一般人、一般事项、一般时间、一般空间范围有效的法律,特别法是指对特定部分人、特定事、特定地区、特定时间有效的法律。

根据法律规定的内容的不同,法可分为实体法和程序法。实体法是指规定主要权利和义务(职权和职责)的法律,如民法、刑法等;程序法一般是指保证权利和义务得以实施的程序的法律,如民事诉讼法、刑事诉讼法等。

2. 法律的纵向效力层级

《中华人民共和国立法法》:

第九十八条　宪法具有最高的法律效力,一切法律、行政法规、地方性法规、自治条例和单行条例、规章都不得同宪法相抵触。

第九十九条　法律的效力高于行政法规、地方性法规、规章。

行政法规的效力高于地方性法规、规章。

第一百条　地方性法规的效力高于本级和下级地方政府规章。

省、自治区的人民政府制定的规章的效力高于本行政区域内的设区的市、自治州的人民政府制定的规章。

第一百零二条　部门规章之间、部门规章与地方政府规章之间具有同等效力,在各自的权限范围内施行。

3. 法律的横向效力层级

《中华人民共和国立法法》：

第一百零三条　同一机关制定的法律、行政法规、地方性法规、自治条例和单行条例、规章，特别规定与一般规定不一致的，适用特别规定；新的规定与旧的规定不一致的，适用新的规定。

第一百零五条　法律之间对同一事项的新的一般规定与旧的特别规定不一致，不能确定如何适用时，由全国人民代表大会常务委员会裁决。

行政法规之间对同一事项的新的一般规定与旧的特别规定不一致，不能确定如何适用时，由国务院裁决。

第一百零六条　地方性法规、规章之间不一致时，由有关机关依照下列规定的权限作出裁决：

（一）同一机关制定的新的一般规定与旧的特别规定不一致时，由制定机关裁决；

（二）地方性法规与部门规章之间对同一事项的规定不一致，不能确定如何适用时，由国务院提出意见，国务院认为应当适用地方性法规的，应当决定在该地方适用地方性法规的规定；认为应当适用部门规章的，应当提请全国人民代表大会常务委员会裁决；

（三）部门规章之间、部门规章与地方政府规章之间对同一事项的规定不一致时，由国务院裁决。

2.2 《中华人民共和国安全生产法》

1. 安全生产的基本规定

(1)《中华人民共和国安全生产法》立法目的

第一条　为了加强安全生产工作，防止和减少生产安全事故，保障人民群众生命和财产安全，促进经济社会持续健康发展，制定本法。

(2)《中华人民共和国安全生产法》适用范围

第二条　在中华人民共和国领域内从事生产经营活动的单位（以下统称生产经营单位）的安全生产，适用本法；有关法律、行政法规对消防安全和道路交通安全、铁路交通安全、水上交通安全、民用航空安全以及核与辐射安全、特种设备安全另有规定的，适用其规定。

(3)《中华人民共和国安全生产法》安全生产工作的理念及安全生产的方针

第三条第二款　安全生产工作应当以人为本，坚持人民至上、生命至上，把保护人民生命安全摆在首位，树牢安全发展理念，坚持安全第一、预防为主、综合治理的方针，从源头上防范化解重大安全风险。

(4)《中华人民共和国安全生产法》安全生产工作的原则及安全生产工作的机制

第三条第三款　安全生产工作实行管行业必须管安全、管业务必须管安全、管生产经营必须管安全,强化和落实生产经营单位主体责任与政府监管责任,建立生产经营单位负责、职工参与、政府监管、行业自律和社会监督的机制。

2. 工会在安全生产工作中的地位和权利

第七条　工会依法对安全生产工作进行监督。

生产经营单位的工会依法组织职工参加本单位安全生产工作的民主管理和民主监督,维护职工在安全生产方面的合法权益。生产经营单位制定或者修改有关安全生产的规章制度,应当听取工会的意见。

第六十条　工会有权对建设项目的安全设施与主体工程同时设计、同时施工、同时投入生产和使用进行监督,提出意见。

工会对生产经营单位违反安全生产法律、法规,侵犯从业人员合法权益的行为,有权要求纠正;发现生产经营单位违章指挥、强令冒险作业或者发现事故隐患时,有权提出解决的建议,生产经营单位应当及时研究答复;发现危及从业人员生命安全的情况时,有权向生产经营单位建议组织从业人员撤离危险场所,生产经营单位必须立即作出处理。

工会有权依法参加事故调查,向有关部门提出处理意见,并要求追究有关人员的责任。

3. 安全生产专业机构的规定

第十五条　依法设立的为安全生产提供技术、管理服务的机构,依照法律、行政法规和执业准则,接受生产经营单位的委托为其安全生产工作提供技术、管理服务。

生产经营单位委托前款规定的机构提供安全生产技术、管理服务的,保证安全生产的责任仍由本单位负责。

4. 从事生产经营活动应当具备的安全生产条件

第二十条　生产经营单位应当具备本法和有关法律、行政法规和国家标准或者行业标准规定的安全生产条件;不具备安全生产条件的,不得从事生产经营活动。

《安全生产许可证条例》规定,国家对矿山企业、建筑施工企业和危险化学品、烟花爆竹、民用爆炸物品生产企业(以下统称企业)实行安全生产许可证制度。

企业取得安全生产许可证,应当具备下列安全生产条件:

(一)建立、健全安全生产责任制,制定完备的安全生产规章制度和操作规程;

(二)安全投入符合安全生产要求;

(三)设置安全生产管理机构,配备专职安全生产管理人员;

(四)主要负责人和安全生产管理人员经考核合格;

(五)特种作业人员经有关业务主管部门考核合格,取得特种作业操作资格证书;

(六)从业人员经安全生产教育和培训合格;

(七)依法参加工伤保险,为从业人员缴纳保险费;

(八)厂房、作业场所和安全设施、设备、工艺符合有关安全生产法律、法规、标准和规程的要求;

(九)有职业危害防治措施,并为从业人员配备符合国家标准或者行业标准的劳动防护用品;

（十）依法进行安全评价；

（十一）有重大危险源检测、评估、监控措施和应急预案；

（十二）有生产安全事故应急救援预案、应急救援组织或者应急救援人员，配备必要的应急救援器材、设备；

（十三）法律、法规规定的其他条件。

5. 生产经营单位主要负责人的安全生产职责

第二十一条　生产经营单位的主要负责人对本单位安全生产工作负有下列职责：

（一）建立健全并落实本单位全员安全生产责任制，加强安全生产标准化建设；

（二）组织制定并实施本单位安全生产规章制度和操作规程；

（三）组织制定并实施本单位安全生产教育和培训计划；

（四）保证本单位安全生产投入的有效实施；

（五）组织建立并落实安全风险分级管控和隐患排查治理双重预防工作机制，督促、检查本单位的安全生产工作，及时消除生产安全事故隐患；

（六）组织制定并实施本单位的生产安全事故应急救援预案；

（七）及时、如实报告生产安全事故。

6. 安全生产资金投入的规定

第二十三条　生产经营单位应当具备的安全生产条件所必需的资金投入，由生产经营单位的决策机构、主要负责人或者个人经营的投资人予以保证，并对由于安全生产所必需的资金投入不足导致的后果承担责任。

有关生产经营单位应当按照规定提取和使用安全生产费用，专门用于改善安全生产条件。安全生产费用在成本中据实列支。安全生产费用提取、使用和监督管理的具体办法由国务院财政部门会同国务院应急管理部门征求国务院有关部门意见后制定。

第九十三条　生产经营单位的决策机构、主要负责人或者个人经营的投资人不依照本法规定保证安全生产所必需的资金投入，致使生产经营单位不具备安全生产条件的，责令限期改正，提供必需的资金；逾期未改正的，责令生产经营单位停产停业整顿。

有前款违法行为，导致发生生产安全事故的，对生产经营单位的主要负责人给予撤职处分，对个人经营的投资人处二万元以上二十万元以下的罚款；构成犯罪的，依照刑法有关规定追究刑事责任。

《企业安全生产费用提取和使用管理办法》

第十七条　建设工程施工企业以建筑安装工程造价为依据，于月末按工程进度计算提取企业安全生产费用。

第十九条　建设工程施工企业安全生产费用应当用于以下支出：

（一）完善、改造和维护安全防护设施设备支出（不含"三同时"要求初期投入的安全设施），包括施工现场临时用电系统、洞口或临边防护、高处作业或交叉作业防护、临时安全防护、支护及防治边坡滑坡、工程有害气体监测和通风、保障安全的机械设备、防火、防爆、防触电、防尘、防毒、防雷、防台风、防地质灾害等设施设备支出；

（二）应急救援技术装备、设施配置及维护保养支出，事故逃生和紧急避难设施设备的配置和应急救援队伍建设、应急预案制修订与应急演练支出；

（三）开展施工现场重大危险源检测、评估、监控支出，安全风险分级管控和事故隐患排查整改支出，工程项目安全生产信息化建设、运维和网络安全支出；

（四）安全生产检查、评估评价（不含新建、改建、扩建项目安全评价）、咨询和标准化建设支出；

（五）配备和更新现场作业人员安全防护用品支出；

（六）安全生产宣传、教育、培训和从业人员发现并报告事故隐患的奖励支出；

（七）安全生产适用的新技术、新标准、新工艺、新装备的推广应用支出；

（八）安全设施及特种设备检测检验、检定校准支出；

（九）安全生产责任保险支出；

（十）与安全生产直接相关的其他支出。

7. 安全生产管理机构和安全生产管理人员的要求

第二十四条　矿山、金属冶炼、建筑施工、运输单位和危险物品的生产、经营、储存、装卸单位，应当设置安全生产管理机构或者配备专职安全生产管理人员。前款规定以外的其他生产经营单位，从业人员超过一百人的，应当设置安全生产管理机构或者配备专职安全生产管理人员；从业人员在一百人以下的，应当配备专职或者兼职的安全生产管理人员。

第二十五条　生产经营单位的安全生产管理机构以及安全生产管理人员履行下列职责：

（一）组织或者参与拟订本单位安全生产规章制度、操作规程和生产安全事故应急救援预案；

（二）组织或者参与本单位安全生产教育和培训，如实记录安全生产教育和培训情况；

（三）组织开展危险源辨识和评估，督促落实本单位重大危险源的安全管理措施；

（四）组织或者参与本单位应急救援演练；

（五）检查本单位的安全生产状况，及时排查生产安全事故隐患，提出改进安全生产管理的建议；

（六）制止和纠正违章指挥、强令冒险作业、违反操作规程的行为；

（七）督促落实本单位安全生产整改措施。

生产经营单位可以设置专职安全生产分管负责人，协助本单位主要负责人履行安全生产管理职责。

8. 从业人员安全生产教育和培训的规定

第二十八条　生产经营单位应当对从业人员进行安全生产教育和培训，保证从业人员具备必要的安全生产知识，熟悉有关的安全生产规章制度和安全操作规程，掌握本岗位的安全操作技能，了解事故应急处理措施，知悉自身在安全生产方面的权利和义务。未经安全生产教育和培训合格的从业人员，不得上岗作业。

生产经营单位使用被派遣劳动者的,应当将被派遣劳动者纳入本单位从业人员统一管理,对被派遣劳动者进行岗位安全操作规程和安全操作技能的教育和培训。劳务派遣单位应当对被派遣劳动者进行必要的安全生产教育和培训。

生产经营单位接收中等职业学校、高等学校学生实习的,应当对实习学生进行相应的安全生产教育和培训,提供必要的劳动防护用品。学校应当协助生产经营单位对实习学生进行安全生产教育和培训。

生产经营单位应当建立安全生产教育和培训档案,如实记录安全生产教育和培训的时间、内容、参加人员以及考核结果等情况。

9. 安全警示标志的规定

第三十五条　生产经营单位应当在有较大危险因素的生产经营场所和有关设施、设备上,设置明显的安全警示标志。

10. 安全设备达标和管理的规定

第三十六条　安全设备的设计、制造、安装、使用、检测、维修、改造和报废,应当符合国家标准或者行业标准。

生产经营单位必须对安全设备进行经常性维护、保养,并定期检测,保证正常运转。维护、保养、检测应当作好记录,并由有关人员签字。

生产经营单位不得关闭、破坏直接关系生产安全的监控、报警、防护、救生设备、设施,或者篡改、隐瞒、销毁其相关数据、信息。

餐饮等行业的生产经营单位使用燃气的,应当安装可燃气体报警装置,并保障其正常使用。

11. 关于风险分级管控和事故隐患排查治理的规定

第四十一条　生产经营单位应当建立安全风险分级管控制度,按照安全风险分级采取相应的管控措施。

生产经营单位应当建立健全并落实生产安全事故隐患排查治理制度,采取技术、管理措施,及时发现并消除事故隐患。事故隐患排查治理情况应当如实记录,并通过职工大会或者职工代表大会、信息公示栏等方式向从业人员通报。其中,重大事故隐患排查治理情况应当及时向负有安全生产监督管理职责的部门和职工大会或者职工代表大会报告。

第四十六条　生产经营单位的安全生产管理人员应当根据本单位的生产经营特点,对安全生产状况进行经常性检查;对检查中发现的安全问题,应当立即处理;不能处理的,应当及时报告本单位有关负责人,有关负责人应当及时处理。检查及处理情况应当如实记录在案。

生产经营单位的安全生产管理人员在检查中发现重大事故隐患,依照前款规定向本单位有关负责人报告,有关负责人不及时处理的,安全生产管理人员可以向主管的负有安全生产监督管理职责的部门报告,接到报告的部门应当依法及时处理。

12. 生产设施、场所安全距离和紧急疏散的规定

第四十二条　生产、经营、储存、使用危险物品的车间、商店、仓库不得与员工宿舍在同一座建筑物内，并应当与员工宿舍保持安全距离。

生产经营场所和员工宿舍应当设有符合紧急疏散要求、标志明显、保持畅通的出口、疏散通道。禁止占用、锁闭、封堵生产经营场所或者员工宿舍的出口、疏散通道。

第一百零五条　生产经营单位有下列行为之一的，责令限期改正，处五万元以下的罚款，对其直接负责的主管人员和其他直接责任人员处一万元以下的罚款；逾期未改正的，责令停产停业整顿；构成犯罪的，依照刑法有关规定追究刑事责任：

（一）生产、经营、储存、使用危险物品的车间、商店、仓库与员工宿舍在同一座建筑内，或者与员工宿舍的距离不符合安全要求的；

（二）生产经营场所和员工宿舍未设有符合紧急疏散需要、标志明显、保持畅通的出口、疏散通道，或者占用、锁闭、封堵生产经营场所或者员工宿舍出口、疏散通道的。

13. 劳动防护用品的规定

第四十五条　生产经营单位必须为从业人员提供符合国家标准或者行业标准的劳动防护用品，并监督、教育从业人员按照使用规则佩戴、使用。

第四十七条　生产经营单位应当安排用于配备劳动防护用品、进行安全生产培训的经费。

14. 关于从业人员安全管理的规定

第四十四条　生产经营单位应当教育和督促从业人员严格执行本单位的安全生产规章制度和安全操作规程；并向从业人员如实告知作业场所和工作岗位存在的危险因素、防范措施以及事故应急措施。

生产经营单位应当关注从业人员的身体、心理状况和行为习惯，加强对从业人员的心理疏导、精神慰藉，严格落实岗位安全生产责任，防范从业人员行为异常导致事故发生。

15. 交叉作业的安全管理

第四十八条　两个以上生产经营单位在同一作业区域内进行生产经营活动，可能危及对方生产安全的，应当签订安全生产管理协议，明确各自的安全生产管理职责和应当采取的安全措施，并指定专职安全生产管理人员进行安全检查与协调。

16. 工伤保险和安全生产责任保险的规定

第五十二条　生产经营单位与从业人员订立的劳动合同，应当载明有关保障从业人员劳动安全、防止职业危害的事项，以及依法为从业人员办理工伤保险的事项。

第五十一条　生产经营单位必须依法参加工伤保险，为从业人员缴纳保险费。国家鼓励生产经营单位投保安全生产责任保险；属于国家规定的高危行业、领域的生产经营单位，应当投保安全生产责任保险。具体范围和实施办法由国务院应急管理部门会同国务院财

政部门、国务院保险监督管理机构和相关行业主管部门制定。

第一百零九条　高危行业、领域的生产经营单位未按照国家规定投保安全生产责任保险的,责令限期改正,处五万元以上十万元以下的罚款;逾期未改正的,处十万元以上二十万元以下的罚款。

《安全生产责任保险实施办法》

第六条　煤矿、非煤矿山、危险化学品、烟花爆竹、交通运输、建筑施工、民用爆炸物品、金属冶炼、渔业生产等高危行业领域的生产经营单位应当投保安全生产责任保险。鼓励其他行业领域生产经营单位投保安全生产责任保险。各地区可针对本地区安全生产特点,明确应当投保的生产经营单位。

第七条　承保安全生产责任保险的保险机构应当具有相应的专业资质和能力,主要包含以下方面:

(一)商业信誉情况;
(二)偿付能力水平;
(三)开展责任保险的业绩和规模;
(四)拥有风险管理专业人员的数量和相应专业资格情况;
(五)为生产经营单位提供事故预防服务情况。

17. 从业人员的人身保障权利

(1)获得安全保障、工伤保险和民事赔偿的权利

第五十二条　生产经营单位与从业人员订立的劳动合同,应当载明有关保障从业人员劳动安全、防止职业危害的事项,以及依法为从业人员办理工伤保险的事项。生产经营单位不得以任何形式与从业人员订立协议,免除或者减轻其对从业人员因生产安全事故伤亡依法应承担的责任。

第一百零六条　生产经营单位与从业人员订立协议,免除或者减轻其对从业人员因生产安全事故伤亡依法应承担的责任的,该协议无效;对生产经营单位的主要负责人、个人经营的投资人处二万元以上十万元以下的罚款。

第五十六条　生产经营单位发生生产安全事故后,应当及时采取措施救治有关人员。

因生产安全事故受到损害的从业人员,除依法享有工伤保险外,依照有关民事法律尚有获得赔偿的权利的,有权提出赔偿要求。

(2)得知危险因素、防范措施和事故应急措施的权利

第五十三条　生产经营单位的从业人员有权了解其作业场所和工作岗位存在的危险因素、防范措施及事故应急措施,有权对本单位的安全生产工作提出建议。

(3)对本单位安全生产的批评、检举和控告及拒绝违章指挥和强令冒险作业的权利

第五十四条　从业人员有权对本单位安全生产工作中存在的问题提出批评、检举、控告;有权拒绝违章指挥和强令冒险作业。

生产经营单位不得因从业人员对本单位安全生产工作提出批评、检举、控告或者拒绝违章指挥、强令冒险作业而降低其工资、福利等待遇或者解除与其订立的劳动合同。

(4)紧急情况下的停止作业和紧急撤离的权利

第五十五条　从业人员发现直接危及人身安全的紧急情况时,有权停止作业或者在采取可能的应急措施后撤离作业场所。

生产经营单位不得因从业人员在前款紧急情况下停止作业或者采取紧急撤离措施而降低其工资、福利等待遇或者解除与其订立的劳动合同。

18. 从业人员的安全生产义务

(1)遵章守规、服从管理、正确佩戴和使用劳动防护用品的义务

第五十七条　从业人员在作业过程中,应当严格落实岗位安全责任,遵守本单位的安全生产规章制度和操作规程,服从管理,正确佩戴和使用劳动防护用品。

(2)接受安全培训,掌握安全生产技能的义务

第五十八条　从业人员应当接受安全生产教育和培训,掌握本职工作所需的安全生产知识,提高安全生产技能,增强事故预防和应急处理能力。

(3)发现事故隐患或者其他不安全因素及时报告的义务

第五十九条　从业人员发现事故隐患或者其他不安全因素,应当立即向现场安全生产管理人员或者本单位负责人报告;接到报告的人员应当及时予以处理。

19. 被派遣劳动者的权利和义务

第六十一条　生产经营单位使用被派遣劳动者的,被派遣劳动者享有本法规定的从业人员的权利,并应当履行本法规定的从业人员的义务。

20. 依法监督检查时行使的职权

第六十五条　应急管理部门和其他负有安全生产监督管理职责的部门依法开展安全生产行政执法工作,对生产经营单位执行有关安全生产的法律、法规和国家标准或者行业标准的情况进行监督检查,行使以下职权:

(一)进入生产经营单位进行检查,调阅有关资料,向有关单位和人员了解情况;

(二)对检查中发现的安全生产违法行为,当场予以纠正或者要求限期改正;对依法应当给予行政处罚的行为,依照本法和其他有关法律、行政法规的规定作出行政处罚决定;

(三)对检查中发现的事故隐患,应当责令立即排除;重大事故隐患排除前或者排除过程中无法保证安全的,应当责令从危险区域内撤出作业人员,责令暂时停产停业或者停止使用相关设施、设备;重大事故隐患排除后,经审查同意,方可恢复生产经营和使用;

(四)对有根据认为不符合保障安全生产的国家标准或者行业标准的设施、设备、器材以及违法生产、储存、使用、经营、运输的危险物品予以查封或者扣押,对违法生产、储存、使用、经营危险物品的作业场所予以查封,并依法作出处理决定。

监督检查不得影响被检查单位的正常生产经营活动。

第六十六条　生产经营单位对负有安全生产监督管理职责的部门的监督检查人员(统称安全生产监督检查人员)依法履行监督检查职责,应当予以配合,不得拒绝、阻挠。

21. 安全生产违法行为举报的规定

第七十三条　负有安全生产监督管理职责的部门应当建立举报制度,公开举报电话、信箱或者电子邮件地址等网络举报平台,受理有关安全生产的举报;受理的举报事项经调查核实后,应当形成书面材料;需要落实整改措施的,报经有关负责人签字并督促落实。对不属于本部门职责,需要由其他有关部门进行调查处理的,转交其他有关部门处理。

涉及人员死亡的举报事项,应当由县级以上人民政府组织核查处理。

22. 安全生产公益诉讼的规定

第七十四条　任何单位或者个人对事故隐患或者安全生产违法行为,均有权向负有安全生产监督管理职责的部门报告或者举报。

因安全生产违法行为造成重大事故隐患或者导致重大事故,致使国家利益或者社会公共利益受到侵害的,人民检察院可以根据民事诉讼法、行政诉讼法的相关规定提起公益诉讼。

第七十五条　居民委员会、村民委员会发现其所在区域内的生产经营单位存在事故隐患或者安全生产违法行为时,应当向当地人民政府或者有关部门报告。

23. 国家及地方政府应急能力建设的规定

第七十九条　国家加强生产安全事故应急能力建设,在重点行业、领域建立应急救援基地和应急救援队伍,并由国家安全生产应急救援机构统一协调指挥;鼓励生产经营单位和其他社会力量建立应急救援队伍,配备相应的应急救援装备和物资,提高应急救援的专业化水平。

国务院应急管理部门牵头建立全国统一的生产安全事故应急救援信息系统,国务院交通运输、住房和城乡建设、水利、民航等有关部门和县级以上地方人民政府建立健全相关行业、领域、地区的生产安全事故应急救援信息系统,实现互联互通、信息共享,通过推行网上安全信息采集、安全监管和监测预警,提升监管的精准化、智能化水平。

第八十条　县级以上地方各级人民政府应当组织有关部门制定本行政区域内生产安全事故应急救援预案,建立应急救援体系。

乡镇人民政府和街道办事处,以及开发区、工业园区、港区、风景区等应当制定相应的生产安全事故应急救援预案,协助人民政府有关部门或者按照授权依法履行生产安全事故应急救援工作职责。

24. 生产经营单位应急预案的规定

第八十一条　生产经营单位应当制定本单位生产安全事故应急救援预案,与所在地县级以上地方人民政府组织制定的生产安全事故应急救援预案相衔接,并定期组织演练。

25. 高危生产经营单位应急救援组织及装备、器材的规定

第八十二条　危险物品的生产、经营、储存单位以及矿山、金属冶炼、城市轨道交通运营、建筑施工单位应当建立应急救援组织；生产经营规模较小的，可以不建立应急救援组织，但应当指定兼职的应急救援人员。

危险物品的生产、经营、储存、运输单位以及矿山、金属冶炼、城市轨道交通运营、建筑施工单位应当配备必要的应急救援器材、设备和物资，并进行经常性维护、保养，保证正常运转。

26. 生产经营单位发生事故后的报告和处置规定

第八十三条　生产经营单位发生生产安全事故后，事故现场有关人员应当立即报告本单位负责人。

单位负责人接到事故报告后，应当迅速采取有效措施，组织抢救，防止事故扩大，减少人员伤亡和财产损失，并按照国家有关规定立即如实报告当地负有安全生产监督管理职责的部门，不得隐瞒不报、谎报或者迟报，不得故意破坏事故现场、毁灭有关证据。

27. 对从业人员的处理

第一百零七条　生产经营单位的从业人员不落实岗位安全责任，不服从管理，违反安全生产规章制度或者操作规程的，由生产经营单位给予批评教育，依照有关规章制度给予处分；构成犯罪的，依照刑法有关规定追究刑事责任。

（1）对主要负责人的处罚

第九十三条　生产经营单位的决策机构、主要负责人或者个人经营的投资人不依照本法规定保证安全生产所必需的资金投入，致使生产经营单位不具备安全生产条件的，责令限期改正，提供必需的资金；逾期未改正的，责令生产经营单位停产停业整顿。

有前款违法行为，导致发生生产安全事故的，对生产经营单位的主要负责人给予撤职处分，对个人经营的投资人处二万元以上二十万元以下的罚款；构成犯罪的，依照刑法有关规定追究刑事责任。

第九十四条　生产经营单位的主要负责人未履行本法规定的安全生产管理职责的，责令限期改正，处二万元以上五万元以下的罚款；逾期未改正的，处五万元以上十万元以下的罚款，责令生产经营单位停产停业整顿。

生产经营单位的主要负责人有前款违法行为，导致发生生产安全事故的，给予撤职处分；构成犯罪的，依照刑法有关规定追究刑事责任。

生产经营单位的主要负责人依照前款规定受刑事处罚或者撤职处分的，自刑罚执行完毕或者受处分之日起，五年内不得担任任何生产经营单位的主要负责人；对重大、特别重大生产安全事故负有责任的，终身不得担任本行业生产经营单位的主要负责人。

第九十五条　生产经营单位的主要负责人未履行本法规定的安全生产管理职责，导致发生生产安全事故的，由应急管理部门依照下列规定处以罚款：

（一）发生一般事故的，处上一年年收入百分之四十的罚款；

(二)发生较大事故的,处上一年年收入百分之六十的罚款;
(三)发生重大事故的,处上一年年收入百分之八十的罚款;
(四)发生特别重大事故的,处上一年年收入百分之一百的罚款。

第一百一十条 生产经营单位的主要负责人在本单位发生生产安全事故时,不立即组织抢救或者在事故调查处理期间擅离职守或者逃匿的,给予降级、撤职的处分,并由应急管理部门处上一年年收入百分之六十至百分之一百的罚款;对逃匿的处十五日以下拘留;构成犯罪的,依照刑法有关规定追究刑事责任。

生产经营单位的主要负责人对生产安全事故隐瞒不报、谎报或者迟报的,依照前款规定处罚。

(2)对其他负责人及安全管理人员的处罚

第九十六条 生产经营单位的其他负责人和安全生产管理人员未履行本法规定的安全生产管理职责的,责令限期改正,处一万元以上三万元以下的罚款;导致发生生产安全事故的,暂停或者吊销其与安全生产有关的资格,并处上一年年收入百分之二十以上百分之五十以下的罚款;构成犯罪的,依照刑法有关规定追究刑事责任。

(3)对从业人员的处理

第一百零七条 生产经营单位的从业人员不落实岗位安全责任,不服从管理,违反安全生产规章制度或者操作规程的,由生产经营单位给予批评教育,依照有关规章制度给予处分;构成犯罪的,依照刑法有关规定追究刑事责任。

2.3 《中华人民共和国刑法》

1. 重大责任事故罪

第一百三十四条第一款 在生产、作业中违反有关安全管理的规定,因而发生重大伤亡事故或者造成其他严重后果的,处三年以下有期徒刑或者拘役;情节特别恶劣的,处三年以上七年以下有期徒刑。

《最高人民法院、最高人民检察院关于办理危害生产安全刑事案件适用法律若干问题的解释》(以下简称《若干问题的解释》)关于安全生产犯罪的定罪标准和量刑情节的规定。

(1)《若干问题的解释》第六条第一款规定,实施刑法第一百三十二条、第一百三十四条第一款、第一百三十五条、第一百三十五条之一、第一百三十六条、第一百三十九条规定的行为,因而发生安全事故,具有下列情形之一的,应当认定为"造成严重后果"或者"发生重大伤亡事故或者造成其他严重后果",对相关责任人员,处三年以下有期徒刑或者拘役:

(一)造成死亡一人以上,或者重伤三人以上的;
(二)造成直接经济损失一百万元以上的;
(三)其他造成严重后果或者重大安全事故的情形。

(2)《若干问题的解释》第六条第二款规定,实施刑法第一百三十四条第二款规定的行为,因而发生安全事故,具有本条第一款规定情形的,应当认定为"发生重大伤亡事故或者造成其他严重后果",对相关责任人员,处五年以下有期徒刑或者拘役。

(3)《若干问题的解释》第七条第一款规定,实施刑法第一百三十二条、第一百三十四条第一款、第一百三十五条、第一百三十五条之一、第一百三十条、第一百三十九条规定的行为,因而发生安全事故,且有下列情形之一的,对相关责任人员,处三年以上七年以下有期徒刑:

(一)造成死亡三人以上或者重伤十人以上,负事故主要责任的;

(二)造成直接经济损失五百万元以上,负事故主要责任的;

(三)其他造成特别严重后果、情节特别恶劣或者后果特别严重的情形。

其他情节严重的情形。

(4)《若干问题的解释》第八条第二款规定,具有下列情形之一的,应当认定为刑法第一百三十九条之一规定的"情节特别严重":

(一)导致事故后果扩大,增加死亡三人以上,或者增加重伤十人以上,或者增加直接经济损失五百万元以上的;

(二)采用暴力、胁迫、命令等方式阻止他人报告事故情况,导致事故后果扩大的;

(三)其他情节特别严重的情形。

2. 危险作业罪

《中华人民共和国刑法修正案(十一)》新增危险作业罪。危险作业罪,是指在生产、作业中违反有关安全管理的规定,有刑法所列情形之一,具有发生重大伤亡事故或者其他严重后果的现实危险的,处一年以下有期徒刑、拘役或者管制。

第一百三十四条之一　在生产、作业中违反有关安全管理的规定,有下列情形之一,具有发生重大伤亡事故或者造成其他严重后果的现实危险的,处一年以下有期徒刑、拘役或者管制:

(一)关闭、破坏直接关系生产安全的监控、报警、防护、救生设备、设施,或者篡改、隐瞒、销毁其相关数据、信息的;

(二)因存在重大事故隐患被依法责令停产停业、停止施工、停止使用有关设备、设施、场所或者立即采取排除危险的整改措施,而拒不执行的;

(三)涉及安全生产的事项未经依法批准或者许可,擅自从事矿山开采、金属冶炼、建筑施工,以及危险物品生产、经营、储存等高度危险的生产作业活动的。

3. 强令、组织他人违章冒险作业罪

第一百三十四条第二款　强令他人违章冒险作业,或者明知存在重大事故隐患而不排除,仍冒险组织作业,因而发生重大伤亡事故或者造成其他严重后果的,处五年以下有期徒刑或者拘役;情节特别恶劣的,处五年以上有期徒刑。

4. 重大劳动安全事故罪

第一百三十五条　安全生产设施或者安全生产条件不符合国家规定,因而发生重大伤亡事故或者造成其他严重后果的,对直接负责的主管人员和其他直接责任人员,处三年以下有期徒刑或者拘役;情节特别恶劣的,处三年以上七年以下有期徒刑。

5. 工程重大安全事故罪

第一百三十七条　建设单位、设计单位、施工单位、工程监理单位违反国家规定,降低工程质量标准,造成重大安全事故的,对直接责任人员,处五年以下有期徒刑或者拘役,并处罚金;后果特别严重的,处五年以上十年以下有期徒刑,并处罚金。

6. 不报、谎报安全事故罪

第一百三十九条之一　在安全事故发生后,负有报告职责的人员不报或者谎报事故情况,贻误事故抢救,情节严重的,处三年以下有期徒刑或者拘役;情节特别严重的,处三年以上七年以下有期徒刑。

《中华人民共和国安全生产法》第一百一十条　生产经营单位的主要负责人在本单位发生生产安全事故时,不立即组织抢救或者在事故调查处理期间擅离职守或者逃匿的,给予降级、撤职的处分,并由应急管理部门处上一年年收入百分之六十至百分之一百的罚款;对逃匿的处十五日以下拘留;构成犯罪的,依照刑法有关规定追究刑事责任。

生产经营单位的主要负责人对生产安全事故隐瞒不报、谎报或者迟报的,依照前款规定处罚。

2.4　《建设工程安全生产管理条例》

1. 建设单位的安全生产责任

第六条　建设单位应当向施工单位提供施工现场及毗邻区域内供水、排水、供电、供气、供热、通信、广播电视等地下管线资料,气象和水文观测资料,相邻建筑物和构筑物、地下工程的有关资料,并保证资料的真实、准确、完整。

建设单位因建设工程需要,向有关部门或者单位查询前款规定的资料时,有关部门或者单位应当及时提供。

第七条　建设单位不得对勘察、设计、施工、工程监理等单位提出不符合建设工程安全生产法律、法规和强制性标准规定的要求,不得压缩合同约定的工期。

第八条　建设单位在编制工程概算时,应当确定建设工程安全作业环境及安全施工措施所需费用。

第九条　建设单位不得明示或者暗示施工单位购买、租赁、使用不符合安全施工要求的安全防护用具、机械设备、施工机具及配件、消防设施和器材。

第十条　建设单位在申请领取施工许可证时,应当提供建设工程有关安全施工措施的资料。

依法批准开工报告的建设工程,建设单位应当自开工报告批准之日起15日内,将保证安全施工的措施报送建设工程所在地的县级以上地方人民政府建设行政主管部门或者其他有关部门备案。

第十一条　建设单位应当将拆除工程发包给具有相应资质等级的施工单位。

建设单位应当在拆除工程施工15日前,将下列资料报送建设工程所在地的县级以上地方人民政府建设行政主管部门或者其他有关部门备案:

(一)施工单位资质等级证明;
(二)拟拆除建筑物、构筑物及可能危及毗邻建筑的说明;
(三)拆除施工组织方案;
(四)堆放、清除废弃物的措施。

实施爆破作业的,应当遵守国家有关民用爆炸物品管理的规定。

2. 施工单位的安全责任

(1)主要负责人和项目负责人的安全施工责任

第二十一条　施工单位主要负责人依法对本单位的安全生产工作全面负责。施工单位应当建立健全安全生产责任制度和安全生产教育培训制度,制定安全生产规章制度和操作规程,保证本单位安全生产条件所需资金的投入,对所承担的建设工程进行定期和专项安全检查,并做好安全检查记录。

施工单位的项目负责人应当由取得相应执业资格的人员担任,对建设工程项目的安全施工负责,落实安全生产责任制度、安全生产规章制度和操作规程,确保安全生产费用的有效使用,并根据工程的特点组织制定安全施工措施,消除安全事故隐患,及时、如实报告生产安全事故。

(2)安全管理机构和安全管理人员的配置

《中华人民共和国安全生产法》第二十四条　矿山、金属冶炼、建筑施工、运输单位和危险物品的生产、经营、储存、装卸单位,应当设置安全生产管理机构或者配备专职安全生产管理人员。

第二十三条　施工单位应当设立安全生产管理机构,配备专职安全生产管理人员。

专职安全生产管理人员负责对安全生产进行现场监督检查。发现安全事故隐患,应当及时向项目负责人和安全生产管理机构报告;对违章指挥、违章操作的,应当立即制止。

专职安全生产管理人员的配备办法由国务院建设行政主管部门会同国务院其他有关部门制定。

(3)总承包单位与分包单位的安全管理

第二十四条　建设工程实行施工总承包的,由总承包单位对施工现场的安全生产负总责。总承包单位应当自行完成建设工程主体结构的施工。

总承包单位依法将建设工程分包给其他单位的,分包合同中应当明确各自的安全生产方面的权利、义务。总承包单位和分包单位对分包工程的安全生产承担连带责任。

分包单位应当服从总承包单位的安全生产管理,分包单位不服从管理导致生产安全事故的,由分包单位承担主要责任。

3. 施工现场的安全管理

第二十六条 施工单位应当在施工组织设计中编制安全技术措施和施工现场临时用电方案,对下列达到一定规模的危险性较大的分部分项工程编制专项施工方案,并附具安全验算结果,经施工单位技术负责人、总监理工程师签字后实施,由专职安全生产管理人员进行现场监督:

(一)基坑支护与降水工程;
(二)土方开挖工程;
(三)模板工程;
(四)起重吊装工程;
(五)脚手架工程;
(六)拆除、爆破工程;
(七)国务院建设行政主管部门或者其他有关部门规定的其他危险性较大的工程。

对前款所列工程中涉及深基坑、地下暗挖工程、高大模板工程的专项施工方案,施工单位还应当组织专家进行论证、审查。

第三十一条 施工单位应当在施工现场建立消防安全责任制度,确定消防安全责任人,制定用火、用电、使用易燃易爆材料等各项消防安全管理制度和操作规程,设置消防通道、消防水源,配备消防设施和灭火器材,并在施工现场入口处设置明显标志。

4. 人身意外伤害保险

第三十八条 施工单位应当为施工现场从事危险作业的人员办理意外伤害保险。

意外伤害保险费由施工单位支付。实行施工总承包的,由总承包单位支付意外伤害保险费。意外伤害保险期限自建设工程开工之日起至竣工验收合格止。

《中华人民共和国建筑法》第四十八条 建筑施工企业应当依法为职工参加工伤保险缴纳工伤保险费。鼓励企业为从事危险作业的职工办理意外伤害保险,支付保险费。

5. 日常监督检查措施

第四十三条 县级以上人民政府负有建设工程安全生产监督管理职责的部门在各自的职责范围内履行安全监督检查职责时,有权采取下列措施:

(一)要求被检查单位提供有关建设工程安全生产的文件和资料;
(二)进入被检查单位施工现场进行检查;
(三)纠正施工中违反安全生产要求的行为;
(四)对检查中发现的安全事故隐患,责令立即排除;重大安全事故隐患排除前或者排除过程中无法保证安全的,责令从危险区域内撤出作业人员或者暂时停止施工。

2.5 《中华人民共和国劳动法》

1. 劳动者的权利和义务

(1) 劳动者的权利

第三条第一款　劳动者享有平等就业和选择职业的权利、取得劳动报酬的权利、休息休假的权利、获得劳动安全卫生保护的权利、接受职业技能培训的权利、享受社会保险和福利的权利、提请劳动争议处理的权利以及法律规定的其他劳动权利。

第五十六条　劳动者在劳动过程中必须严格遵守安全操作规程。

劳动者对用人单位管理人员违章指挥、强令冒险作业，有权拒绝执行；对危害生命安全和身体健康的行为，有权提出批评、检举和控告。

(2) 劳动者的义务

第三条第二款　劳动者应当完成劳动任务，提高职业技能，执行劳动安全卫生规程，遵守劳动纪律和职业道德。

2. 用人单位的义务

第五十二条　用人单位必须建立、健全劳动安全卫生制度，严格执行国家劳动安全卫生规程和标准，对劳动者进行劳动安全卫生教育，防止劳动过程中的事故，减少职业危害。

第五十三条　劳动安全卫生设施必须符合国家规定的标准。

新建、改建、扩建工程的劳动安全卫生设施必须与主体工程同时设计、同时施工、同时投入生产和使用。

第五十四条　用人单位必须为劳动者提供符合国家规定的劳动安全卫生条件和必要的劳动防护用品，对从事有职业危害作业的劳动者应当定期进行健康检查。

第三十六条　国家实行劳动者每日工作时间不超过八小时、平均每周工作时间不超过四十四小时的工时制度。

第三十八条　用人单位应当保证劳动者每周至少休息一日。

第四十一条　用人单位由于生产经营需要，经与工会和劳动者协商后可以延长工作时间，一般每日不得超过一小时；因特殊原因需要延长工作时间的，在保障劳动者身体健康的条件下延长工作时间每日不得超过三小时，但是每月不得超过三十六小时。

第四十四条　有下列情形之一的，用人单位应当按照下列标准支付高于劳动者正常工作时间工资的工资报酬：

(一) 安排劳动者延长工作时间的，支付不低于工资的百分之一百五十的工资报酬；

(二) 休息日安排劳动者工作又不能安排补休的，支付不低于工资的百分之二百的工资报酬；

(三) 法定休假日安排劳动者工作的，支付不低于工资的百分之三百的工资报酬。

2.6 《中华人民共和国劳动合同法》

1. 劳动合同订立的基本原则

第三条 订立劳动合同,应当遵循合法、公平、平等自愿、协商一致、诚实信用的原则。依法订立的劳动合同具有约束力,用人单位与劳动者应当履行劳动合同约定的义务。

2. 劳动合同的订立

第七条 用人单位自用工之日起即与劳动者建立劳动关系。用人单位应当建立职工名册备查。

第八条 用人单位招用劳动者时,应当如实告知劳动者工作内容、工作条件、工作地点、职业危害、安全生产状况、劳动报酬,以及劳动者要求了解的其他情况;用人单位有权了解劳动者与劳动合同直接相关的基本情况,劳动者应当如实说明。

第九条 用人单位招用劳动者,不得扣押劳动者的居民身份证和其他证件,不得要求劳动者提供担保或者以其他名义向劳动者收取财物。

第十条 建立劳动关系,应当订立书面劳动合同。

已建立劳动关系,未同时订立书面劳动合同的,应当自用工之日起一个月内订立书面劳动合同。

用人单位与劳动者在用工前订立劳动合同的,劳动关系自用工之日起建立。

第十二条 劳动合同分为固定期限劳动合同、无固定期限劳动合同和以完成一定工作任务为期限的劳动合同。

3. 劳动合同的内容

第十七条 劳动合同应当具备以下条款:

(一)用人单位的名称、住所和法定代表人或者主要负责人;

(二)劳动者的姓名、住址和居民身份证或者其他有效身份证件号码;

(三)劳动合同期限;

(四)工作内容和工作地点;

(五)工作时间和休息休假;

(六)劳动报酬;

(七)社会保险;

(八)劳动保护、劳动条件和职业危害防护;

(九)法律、法规规定应当纳入劳动合同的其他事项。

劳动合同除前款规定的必备条款外,用人单位与劳动者可以约定试用期、培训、保守秘密、补充保险和福利待遇等其他事项。

4. 用人单位享有依法约定试用期的权利

第十九条　劳动合同期限三个月以上不满一年的,试用期不得超过一个月;劳动合同期限一年以上不满三年的,试用期不得超过二个月;三年以上固定期限和无固定期限的劳动合同,试用期不得超过六个月。

同一用人单位与同一劳动者只能约定一次试用期。

以完成一定工作任务为期限的劳动合同或者劳动合同期限不满三个月的,不得约定试用期。

试用期包含在劳动合同期限内。劳动合同仅约定试用期的,试用期不成立,该期限为劳动合同期限。

第二十条　劳动者在试用期的工资不得低于本单位相同岗位最低档工资或者劳动合同约定工资的百分之八十,并不得低于用人单位所在地的最低工资标准。

5. 用人单位享有依法约定服务期的权利

第二十二条　用人单位为劳动者提供专项培训费用,对其进行专业技术培训的,可以与该劳动者订立协议,约定服务期。

劳动者违反服务期约定的,应当按照约定向用人单位支付违约金。违约金的数额不得超过用人单位提供的培训费用。用人单位要求劳动者支付的违约金不得超过服务期尚未履行部分所应分摊的培训费用。

用人单位与劳动者约定服务期的,不影响按照正常的工资调整机制提高劳动者在服务期期间的劳动报酬。

6. 劳动合同履行及相关权利义务

(1)劳动者的批评、检举和控告权利

第三十二条　劳动者拒绝用人单位管理人员违章指挥、强令冒险作业的,不视为违反劳动合同。

劳动者对危害生命安全和身体健康的劳动条件,有权对用人单位提出批评、检举和控告。

(2)劳动者解除合同及获得经济补偿的权利

第三十七条　劳动者提前三十日以书面形式通知用人单位,可以解除劳动合同。劳动者在试用期内提前三日通知用人单位,可以解除劳动合同。

第三十八条　用人单位有下列情形之一的,劳动者可以解除劳动合同:

(一)未按照劳动合同约定提供劳动保护或者劳动条件的;.

(二)未及时足额支付劳动报酬的;

(三)未依法为劳动者缴纳社会保险费的;

(四)用人单位的规章制度违反法律、法规的规定,损害劳动者权益的;

(五)因本法第二十六条第一款规定的情形致使劳动合同无效的;

(六)法律、行政法规规定劳动者可以解除劳动合同的其他情形。

用人单位以暴力、威胁或者非法限制人身自由的手段强迫劳动者劳动的,或者用人单位违章指挥、强令冒险作业危及劳动者人身安全的,劳动者可以立即解除劳动合同,不需事先告知用人单位。

第二十六条　下列劳动合同无效或者部分无效:

(一)以欺诈、胁迫的手段或者乘人之危,使对方在违背真实意思的情况下订立或者变更劳动合同的;

(二)用人单位免除自己的法定责任、排除劳动者权利的;

(三)违反法律、行政法规强制性规定的。

7. 禁止用人单位单方解除情形

第四十二条　劳动者有下列情形之一的,用人单位不得依照本法第四十条、第四十一条的规定解除劳动合同:

(一)从事接触职业病危害作业的劳动者未进行离岗前职业健康检查,或者疑似职业病病人在诊断或者医学观察期间的;

(二)在本单位患职业病或者因工负伤并被确认丧失或者部分丧失劳动能力的;

(三)患病或者非因工负伤,在规定的医疗期内的;

(四)女职工在孕期、产期、哺乳期的;

(五)在本单位连续工作满十五年,且距法定退休年龄不足五年的;

(六)法律、行政法规规定的其他情形。

2.7 《中华人民共和国职业病防治法》

1. 职业病的范围及防治方针

第二条　本法适用于中华人民共和国领域内的职业病防治活动。

本法所称职业病,是指企业、事业单位和个体经济组织等用人单位的劳动者在职业活动中,因接触粉尘、放射性物质和其他有毒、有害因素而引起的疾病。

职业病的分类和目录由国务院卫生行政部门会同国务院劳动保障行政部门制定、调整并公布。

第三条　职业病防治工作坚持预防为主、防治结合的方针,建立用人单位负责、行政机关监管、行业自律、职工参与和社会监督的机制,实行分类管理、综合治理。

2. 工作场所的职业卫生要求

第十五条　产生职业病危害的用人单位的设立除应当符合法律、行政法规规定的设立条件外,其工作场所还应当符合下列职业卫生要求:

(一)职业病危害因素的强度或者浓度符合国家职业卫生标准;

(二)有与职业病危害防护相适应的设施;

(三)生产布局合理,符合有害与无害作业分开的原则;

(四)有配套的更衣间、洗浴间、孕妇休息间等卫生设施;

(五)设备、工具、用具等设施符合保护劳动者生理、心理健康的要求;

(六)法律、行政法规和国务院卫生行政部门关于保护劳动者健康的其他要求。

3. 用人单位职业病管理

第二十条 用人单位应当采取下列职业病防治管理措施:

(一)设置或者指定职业卫生管理机构或者组织,配备专职或者兼职的职业卫生管理人员,负责本单位的职业病防治工作;

(二)制定职业病防治计划和实施方案;

(三)建立、健全职业卫生管理制度和操作规程;

(四)建立、健全职业卫生档案和劳动者健康监护档案;

(五)建立、健全工作场所职业病危害因素监测及评价制度;

(六)建立、健全职业病危害事故应急救援预案。

第二十二条 用人单位必须采用有效的职业病防护设施,并为劳动者提供个人使用的职业病防护用品。

用人单位为劳动者个人提供的职业病防护用品必须符合防治职业病的要求;不符合要求的,不得使用。

第二十四条 产生职业病危害的用人单位,应当在醒目位置设置公告栏,公布有关职业病防治的规章制度、操作规程、职业病危害事故应急救援措施和工作场所职业病危害因素检测结果。

对产生严重职业病危害的作业岗位,应当在其醒目位置,设置警示标识和中文警示说明。警示说明应当载明产生职业病危害的种类、后果、预防以及应急救治措施等内容。

第二十六条 用人单位应当实施由专人负责的职业病危害因素日常监测,并确保监测系统处于正常运行状态。

用人单位应当按照国务院卫生行政部门的规定,定期对工作场所进行职业病危害因素检测、评价。检测、评价结果存入用人单位职业卫生档案,定期向所在地卫生行政部门报告并向劳动者公布。

职业病危害因素检测、评价由依法设立的取得国务院卫生行政部门或者设区的市级以上地方人民政府卫生行政部门按照职责分工给予资质认可的职业卫生技术服务机构进行。职业卫生技术服务机构所作检测、评价应当客观、真实。

发现工作场所职业病危害因素不符合国家职业卫生标准和卫生要求时,用人单位应当立即采取相应治理措施,仍然达不到国家职业卫生标准和卫生要求的,必须停止存在职业病危害因素的作业;职业病危害因素经治理后,符合国家职业卫生标准和卫生要求的,方可重新作业。

第二十八条 向用人单位提供可能产生职业病危害的设备的,应当提供中文说明书,并在设备的醒目位置设置警示标识和中文警示说明。警示说明应当载明设备性能、可能产生的职业病危害、安全操作和维护注意事项、职业病防护以及应急救治措施等内容。

4. 职业病危害如实告知

第三十三条 用人单位与劳动者订立劳动合同(含聘用合同,下同)时,应当将工作过程中可能产生的职业病危害及其后果、职业病防护措施和待遇等如实告知劳动者,并在劳动合同中写明,不得隐瞒或者欺骗。

劳动者在已订立劳动合同期间因工作岗位或者工作内容变更,从事与所订立劳动合同中未告知的存在职业病危害的作业时,用人单位应当依照前款规定,向劳动者履行如实告知的义务,并协商变更原劳动合同相关条款。

用人单位违反前两款规定的,劳动者有权拒绝从事存在职业病危害的作业,用人单位不得因此解除与劳动者所订立的劳动合同。

5. 职业病待遇

第五十六条 用人单位应当保障职业病病人依法享受国家规定的职业病待遇。

用人单位应当按照国家有关规定,安排职业病病人进行治疗、康复和定期检查。

用人单位对不适宜继续从事原工作的职业病病人,应当调离原岗位,并妥善安置。

用人单位对从事接触职业病危害的作业的劳动者,应当给予适当岗位津贴。

第五十八条 职业病病人除依法享有工伤保险外,依照有关民事法律,尚有获得赔偿的权利的,有权向用人单位提出赔偿要求。

第五十九条 劳动者被诊断患有职业病,但用人单位没有依法参加工伤保险的,其医疗和生活保障由该用人单位承担。

第六十条 职业病病人变动工作单位,其依法享有的待遇不变。

用人单位在发生分立、合并、解散、破产等情形时,应当对从事接触职业病危害的作业的劳动者进行健康检查,并按照国家有关规定妥善安置职业病病人。

第六十一条 用人单位已经不存在或者无法确认劳动关系的职业病病人,可以向地方人民政府医疗保障、民政部门申请医疗救助和生活等方面的救助。

地方各级人民政府应当根据本地区的实际情况,采取其他措施,使前款规定的职业病病人获得医疗救治。

2.8 《中华人民共和国特种设备安全法》

移动式压力容器与气瓶充装的相关规定:

第四十九条 移动式压力容器、气瓶充装单位,应当具备下列条件,并经负责特种设备安全监督管理的部门许可,方可从事充装活动:

(一)有与充装和管理相适应的管理人员和技术人员;

(二)有与充装和管理相适应的充装设备、检测手段、场地厂房、器具、安全设施;

(三)有健全的充装管理制度、责任制度、处理措施。

充装单位应当建立充装前后的检查、记录制度,禁止对不符合安全技术规范要求的移动式压力容器和气瓶进行充装。

气瓶充装单位应当向气体使用者提供符合安全技术规范要求的气瓶,对气体使用者进行气瓶安全使用指导,并按照安全技术规范的要求办理气瓶使用登记,及时申报定期检验。

2.9 《生产安全事故应急条例》

1. 预案的演练

第八条 易燃易爆物品、危险化学品等危险物品的生产、经营、储存、运输单位,矿山、金属冶炼、城市轨道交通运营、建筑施工单位,以及宾馆、商场、娱乐场所、旅游景区等人员密集场所经营单位,应当至少每半年组织1次生产安全事故应急救援预案演练,并将演练情况报送所在地县级以上地方人民政府负有安全生产监督管理职责的部门。

县级以上地方人民政府负有安全生产监督管理职责的部门应当对本行政区域内前款规定的重点生产经营单位的生产安全事故应急救援预案演练进行抽查;发现演练不符合要求的,应当责令限期改正。

2. 应急救援队伍能力建设

第十条 易燃易爆物品、危险化学品等危险物品的生产、经营、储存、运输单位,矿山、金属冶炼、城市轨道交通运营、建筑施工单位,以及宾馆、商场、娱乐场所、旅游景区等人员密集场所经营单位,应当建立应急救援队伍;其中,小型企业或者微型企业等规模较小的生产经营单位,可以不建立应急救援队伍,但应当指定兼职的应急救援人员,并且可以与邻近的应急救援队伍签订应急救援协议。

工业园区、开发区等产业聚集区域内的生产经营单位,可以联合建立应急救援队伍。

第十一条 应急救援队伍的应急救援人员应当具备必要的专业知识、技能、身体素质和心理素质。

应急救援队伍建立单位或者兼职应急救援人员所在单位应当按照国家有关规定对应急救援人员进行培训;应急救援人员经培训合格后,方可参加应急救援工作。

应急救援队伍应当配备必要的应急救援装备和物资,并定期组织训练。

3. 物资储备要求

第十三条 县级以上地方人民政府应当根据本行政区域内可能发生的生产安全事故的特点和危害,储备必要的应急救援装备和物资,并及时更新和补充。

易燃易爆物品、危险化学品等危险物品的生产、经营、储存、运输单位,矿山、金属冶炼、城市轨道交通运营、建筑施工单位,以及宾馆、商场、娱乐场所、旅游景区等人员密集场所经营单位,应当根据本单位可能发生的生产安全事故的特点和危害,配备必要的灭火、排水、通风以及危险物品稀释、掩埋、收集等应急救援器材、设备和物资,并进行经常性维护、保养,保证正常运转。

4. 应急值班制度

第十四条 下列单位应当建立应急值班制度,配备应急值班人员:

(一)县级以上人民政府及其负有安全生产监督管理职责的部门;

(二)危险物品的生产、经营、储存、运输单位以及矿山、金属冶炼、城市轨道交通运营、建筑施工单位;

(三)应急救援队伍。

规模较大、危险性较高的易燃易爆物品、危险化学品等危险物品的生产、经营、储存、运输单位应当成立应急处置技术组,实行24小时应急值班。

5. 生产经营单位的初期处置行为

第十七条 发生生产安全事故后,生产经营单位应当立即启动生产安全事故应急救援预案,采取下列一项或者多项应急救援措施,并按照国家有关规定报告事故情况:

(一)迅速控制危险源,组织抢救遇险人员;

(二)根据事故危害程度,组织现场人员撤离或者采取可能的应急措施后撤离;

(三)及时通知可能受到事故影响的单位和人员;

(四)采取必要措施,防止事故危害扩大和次生、衍生灾害发生;

(五)根据需要请求邻近的应急救援队伍参加救援,并向参加救援的应急救援队伍提供相关技术资料、信息和处置方法;

(六)维护事故现场秩序,保护事故现场和相关证据;

(七)法律、法规规定的其他应急救援措施。

2.10 《生产安全事故报告和调查处理条例》

1. 事故级别的划分

第二条 生产经营活动中发生的造成人身伤亡或者直接经济损失的生产安全事故的报告和调查处理,适用本条例;环境污染事故、核设施事故、国防科研生产事故的报告和调查处理不适用本条例。

第三条 根据生产安全事故(以下简称事故)造成的人员伤亡或者直接经济损失,事故一般分为以下等级:

(一)特别重大事故,是指造成30人以上死亡,或者100人以上重伤(包括急性工业中毒,下同),或者1亿元以上直接经济损失的事故;

(二)重大事故,是指造成10人以上30人以下死亡,或者50人以上100人以下重伤,或者5 000万元以上1亿元以下直接经济损失的事故;

(三)较大事故,是指造成3人以上10人以下死亡,或者10人以上50人以下重伤,或者1 000万元以上5 000万元以下直接经济损失的事故;

(四)一般事故,是指造成 3 人以下死亡,或者 10 人以下重伤,或者 1 000 万元以下直接经济损失的事故。

国务院安全生产监督管理部门可以会同国务院有关部门,制定事故等级划分的补充性规定。

本条第一款所称的"以上"包括本数,所称的"以下"不包括本数。

2. 生产安全事故报告的规定

第九条　事故发生后,事故现场有关人员应当立即向本单位负责人报告;单位负责人接到报告后,应当于 1 小时内向事故发生地县级以上人民政府安全生产监督管理部门和负有安全生产监督管理职责的有关部门报告。

情况紧急时,事故现场有关人员可以直接向事故发生地县级以上人民政府安全生产监督管理部门和负有安全生产监督管理职责的有关部门报告。

第十条　安全生产监督管理部门和负有安全生产监督管理职责的有关部门接到事故报告后,应当依照下列规定上报事故情况,并通知公安机关、劳动保障行政部门、工会和人民检察院:

(一)特别重大事故、重大事故逐级上报至国务院安全生产监督管理部门和负有安全生产监督管理职责的有关部门;

(二)较大事故逐级上报至省、自治区、直辖市人民政府安全生产监督管理部门和负有安全生产监督管理职责的有关部门;

(三)一般事故上报至设区的市级人民政府安全生产监督管理部门和负有安全生产监督管理职责的有关部门。

安全生产监督管理部门和负有安全生产监督管理职责的有关部门依照前款规定上报事故情况,应当同时报告本级人民政府。国务院安全生产监督管理部门和负有安全生产监督管理职责的有关部门以及省级人民政府接到发生特别重大事故、重大事故的报告后,应当立即报告国务院。

必要时,安全生产监督管理部门和负有安全生产监督管理职责的有关部门可以越级上报事故情况。

第十一条　安全生产监督管理部门和负有安全生产监督管理职责的有关部门逐级上报事故情况,每级上报的时间不得超过 2 小时。

3. 报告事故内容

第十二条　报告事故应当包括下列内容:

(一)事故发生单位概况;

(二)事故发生的时间、地点以及事故现场情况;

(三)事故的简要经过;

(四)事故已经造成或者可能造成的伤亡人数(包括下落不明的人数)和初步估计的直接经济损失;

(五)已经采取的措施;

（六）其他应当报告的情况。

4. 事故调查规定

第十九条　特别重大事故由国务院或者国务院授权有关部门组织事故调查组进行调查。

重大事故、较大事故、一般事故分别由事故发生地省级人民政府、设区的市级人民政府、县级人民政府负责调查。省级人民政府、设区的市级人民政府、县级人民政府可以直接组织事故调查组进行调查，也可以授权或者委托有关部门组织事故调查组进行调查。

未造成人员伤亡的一般事故，县级人民政府也可以委托事故发生单位组织事故调查组进行调查。

2.11 《特种作业人员安全技术培训考核管理规定》

1. 特种作业人员的范围

第三条　本规定所称特种作业，是指容易发生事故，对操作者本人、他人的安全健康及设备、设施的安全可能造成重大危害的作业。特种作业的范围由特种作业目录规定。

本规定所称特种作业人员，是指直接从事特种作业的从业人员。

依据《特种作业人员安全技术培训考核管理规定》的特种作业目录规定，目前特种作业共有十大类。

（1）电工作业；
（2）熔化焊接与热切割作业；
（3）高处作业；
（4）制冷与空调作业；
（5）煤矿安全作业；
（6）金属非金属矿山安全作业；
（7）石油天然气安全作业；
（8）冶金（有色）生产安全作业；
（9）危险化学品安全作业；
（10）烟花爆竹安全作业。

2. 特种作业人员的条件

第四条　特种作业人员应当符合下列条件：

（一）年满18周岁，且不超过国家法定退休年龄；

（二）经社区或者县级以上医疗机构体检健康合格，并无妨碍从事相应特种作业的器质性心脏病、癫痫病、美尼尔氏症、眩晕症、癔病、震颤麻痹症、精神病、痴呆症以及其他疾病和生理缺陷；

（三）具有初中及以上文化程度；
（四）具备必要的安全技术知识与技能；
（五）相应特种作业规定的其他条件。

危险化学品特种作业人员除符合前款第一项、第二项、第四项和第五项规定的条件外，应当具备高中或者相当于高中及以上文化程度。

3. 特种作业人员的安全培训

第九条　特种作业人员应当接受与其所从事的特种作业相应的安全技术理论培训和实际操作培训。

已经取得职业高中、技工学校及中专以上学历的毕业生从事与其所学专业相应的特种作业，持学历证明经考核发证机关同意，可以免予相关专业的培训。

跨省、自治区、直辖市从业的特种作业人员，可以在户籍所在地或者从业所在地参加培训。

第十条　对特种作业人员的安全技术培训，具备安全培训条件的生产经营单位应当以自主培训为主，也可以委托具备安全培训条件的机构进行培训。

不具备安全培训条件的生产经营单位，应当委托具备安全培训条件的机构进行培训。

生产经营单位委托其他机构进行特种作业人员安全技术培训的，保证安全技术培训的责任仍由本单位负责。

4. 特种作业人员的考核发证

（1）考核方式

第十二条　特种作业人员的考核包括考试和审核两部分。考试由考核发证机关或其委托的单位负责；审核由考核发证机关负责。

安全监管总局、煤矿安监局分别制定特种作业人员、煤矿特种作业人员的考核标准，并建立相应的考试题库。

考核发证机关或其委托的单位应当按照安全监管总局、煤矿安监局统一制定的考核标准进行考核。

（2）考试程序

第十三条　参加特种作业操作资格考试的人员，应当填写考试申请表，由申请人或者申请人的用人单位持学历证明或者培训机构出具的培训证明向申请人户籍所在地或者从业所在地的考核发证机关或其委托的单位提出申请。

考核发证机关或其委托的单位收到申请后，应当在60日内组织考试。

特种作业操作资格考试包括安全技术理论考试和实际操作考试两部分。考试不及格的，允许补考1次。经补考仍不及格的，重新参加相应的安全技术培训。

（3）发证程序

第十五条　考核发证机关或其委托承担特种作业操作资格考试的单位，应当在考试结束后10个工作日内公布考试成绩。

第十六条　符合本规定第四条规定并经考试合格的特种作业人员，应当向其户籍所在地或者从业所在地的考核发证机关申请办理特种作业操作证，并提交身份证复印件、学历证书复印件、体检证明、考试合格证明等材料。

第十七条 收到申请的考核发证机关应当在 5 个工作日内完成对特种作业人员所提交申请材料的审查,作出受理或者不予受理的决定。能够当场作出受理决定的,应当当场作出受理决定;申请材料不齐全或者不符合要求的,应当当场或者在 5 个工作日内一次告知申请人需要补正的全部内容,逾期不告知的,视为自收到申请材料之日起即已被受理。

第十八条 对已经受理的申请,考核发证机关应当在 20 个工作日内完成审核工作。符合条件的,颁发特种作业操作证;不符合条件的,应当说明理由。

(4) 特种作业操作证的有效期

第十九条 特种作业操作证有效期为 6 年,在全国范围内有效。

特种作业操作证由安全监管总局统一式样、标准及编号。

第二十条 特种作业操作证遗失的,应当向原考核发证机关提出书面申请,经原考核发证机关审查同意后,予以补发。

特种作业操作证所记载的信息发生变化或者损毁的,应当向原考核发证机关提出书面申请,经原考核发证机关审查确认后,予以更换或者更新。

2.12 《建筑施工特种作业人员管理规定》

1. 建筑施工特种作业的管理

第三条 建筑施工特种作业包括:
(一)建筑电工;
(二)建筑架子工;
(三)建筑起重信号司索工;
(四)建筑起重机械司机;
(五)建筑起重机械安装拆卸工;
(六)高处作业吊篮安装拆卸工;
(七)经省级以上人民政府建设主管部门认定的其他特种作业。

第四条 建筑施工特种作业人员必须经建设主管部门考核合格,取得建筑施工特种作业人员操作资格证书(以下简称"资格证书"),方可上岗从事相应作业。

第五条 国务院建设主管部门负责全国建筑施工特种作业人员的监督管理工作。

省、自治区、直辖市人民政府建设主管部门负责本行政区域内建筑施工特种作业人员的监督管理工作。

2. 建筑施工特种作业的考核

第六条 建筑施工特种作业人员的考核发证工作,由省、自治区、直辖市人民政府建设主管部门或其委托的考核发证机构(以下简称"考核发证机关")负责组织实施。

第七条 考核发证机关应当在办公场所公布建筑施工特种作业人员申请条件、申请程序、工作时限、收费依据和标准等事项。

考核发证机关应当在考核前在机关网站或新闻媒体上公布考核科目、考核地点、考核时间和监督电话等事项。

第八条 申请从事建筑施工特种作业的人员,应当具备下列基本条件:

(一)年满 18 周岁且符合相关工种规定的年龄要求;

(二)经医院体检合格且无妨碍从事相应特种作业的疾病和生理缺陷;

(三)初中及以上学历;

(四)符合相应特种作业需要的其他条件。

第九条 符合本规定第八条规定的人员应当向本人户籍所在地或者从业所在地考核发证机关提出申请,并提交相关证明材料。

第十条 考核发证机关应当自收到申请人提交的申请材料之日起 5 个工作日内依法作出受理或者不予受理决定。

对于受理的申请,考核发证机关应当及时向申请人核发准考证。

第十一条 建筑施工特种作业人员的考核内容应当包括安全技术理论和实际操作。

考核大纲由国务院建设主管部门制定。

第十二条 考核发证机关应当自考核结束之日起 10 个工作日内公布考核成绩。

第十三条 考核发证机关对于考核合格的,应当自考核结果公布之日起 10 个工作日内颁发资格证书;对于考核不合格的,应当通知申请人并说明理由。

第十四条 资格证书应当采用国务院建设主管部门规定的统一样式,由考核发证机关编号后签发。资格证书在全国通用。

3. 建筑施工特种作业的从业

第十五条 持有资格证书的人员,应当受聘于建筑施工企业或者建筑起重机械出租单位(以下简称用人单位),方可从事相应的特种作业。

第十六条 用人单位对于首次取得资格证书的人员,应当在其正式上岗前安排不少于 3 个月的实习操作。

第十七条 建筑施工特种作业人员应当严格按照安全技术标准、规范和规程进行作业,正确佩戴和使用安全防护用品,并按规定对作业工具和设备进行维护保养。建筑施工特种作业人员应当参加年度安全教育培训或者继续教育,每年不得少于 24 小时。

第十八条 在施工中发生危及人身安全的紧急情况时,建筑施工特种作业人员有权立即停止作业或者撤离危险区域,并向施工现场专职安全生产管理人员和项目负责人报告。

2.13 《危险性较大的分部分项工程安全管理规定》

现场安全管理的有关规定:

第十四条 施工单位应当在施工现场显著位置公告危大工程名称、施工时间和具体责任人员,并在危险区域设置安全警示标志。

第十五条　专项施工方案实施前,编制人员或者项目技术负责人应当向施工现场管理人员进行方案交底。

施工现场管理人员应当向作业人员进行安全技术交底,并由双方和项目专职安全生产管理人员共同签字确认。

第十六条　施工单位应当严格按照专项施工方案组织施工,不得擅自修改专项施工方案。

因规划调整、设计变更等原因确需调整的,修改后的专项施工方案应当按照本规定重新审核和论证。涉及资金或者工期调整的,建设单位应当按照约定予以调整。

第十七条　施工单位应当对危大工程施工作业人员进行登记,项目负责人应当在施工现场履职。

项目专职安全生产管理人员应当对专项施工方案实施情况进行现场监督,对未按照专项施工方案施工的,应当要求立即整改,并及时报告项目负责人,项目负责人应当及时组织限期整改。

施工单位应当按照规定对危大工程进行施工监测和安全巡视,发现危及人身安全的紧急情况,应当立即组织作业人员撤离危险区域。

第二十二条　危大工程发生险情或者事故时,施工单位应当立即采取应急处置措施,并报告工程所在地住房城乡建设主管部门。建设、勘察、设计、监理等单位应当配合施工单位开展应急抢险工作。

第二十三条　危大工程应急抢险结束后,建设单位应当组织勘察、设计、施工、监理等单位制定工程恢复方案,并对应急抢险工作进行后评估。

第二十四条　施工、监理单位应当建立危大工程安全管理档案。

施工单位应当将专项施工方案及审核、专家论证、交底、现场检查、验收及整改等相关资料纳入档案管理。

监理单位应当将监理实施细则、专项施工方案审查、专项巡视检查、验收及整改等相关资料纳入档案管理。

2.14　《工伤保险条例》

1. 工伤保险的适用范围

第二条　中华人民共和国境内的企业、事业单位、社会团体、民办非企业单位、基金会、律师事务所、会计师事务所等组织和有雇工的个体工商户(以下称用人单位)应当依照本条例规定参加工伤保险,为本单位全部职工或者雇工(以下称职工)缴纳工伤保险费。

中华人民共和国境内的企业、事业单位、社会团体、民办非企业单位、基金会、律师事务所、会计师事务所等组织的职工和个体工商户的雇工,均有依照本条例的规定享受工伤保险待遇的权利。

2. 工伤保险费的缴纳

第十条　用人单位应当按时缴纳工伤保险费。职工个人不缴纳工伤保险费。

用人单位缴纳工伤保险费的数额为本单位职工工资总额乘以单位缴费费率之积。

对难以按照工资总额缴纳工伤保险费的行业,其缴纳工伤保险费的具体方式,由国务院社会保险行政部门规定。

3. 工伤范围

第十四条　职工有下列情形之一的,应当认定为工伤:

(一)在工作时间和工作场所内,因工作原因受到事故伤害的;

(二)工作时间前后在工作场所内,从事与工作有关的预备性或者收尾性工作受到事故伤害的;

(三)在工作时间和工作场所内,因履行工作职责受到暴力等意外伤害的;

(四)患职业病的;

(五)因工外出期间,由于工作原因受到伤害或者发生事故下落不明的;

(六)在上下班途中,受到非本人主要责任的交通事故或者城市轨道交通、客运轮渡、火车事故伤害的;

(七)法律、行政法规规定应当认定为工伤的其他情形。

第十五条　职工有下列情形之一的,视同工伤:

(一)在工作时间和工作岗位,突发疾病死亡或者在48小时之内经抢救无效死亡的;

(二)在抢险救灾等维护国家利益、公共利益活动中受到伤害的;

(三)职工原在军队服役,因战、因公负伤致残,已取得革命伤残军人证,到用人单位后旧伤复发的。

职工有前款第(一)项、第(二)项情形的,按照本条例的有关规定享受工伤保险待遇;职工有前款第(三)项情形的,按照本条例的有关规定享受除一次性伤残补助金以外的工伤保险待遇。

第十六条　职工符合本条例第十四条、第十五条的规定,但是有下列情形之一的,不得认定为工伤或者视同工伤:

(一)故意犯罪的;

(二)醉酒或者吸毒的;

(三)自残或者自杀的。

2.15　《工贸企业有限空间作业安全规定》

1. 有限空间作业的安全职责

第四条　工贸企业主要负责人是有限空间作业安全第一责任人,应当组织制定有限空间作业安全管理制度,明确有限空间作业审批人、监护人员、作业人员的职责,以及安全培训、作业审批、防护用品、应急救援装备、操作规程和应急处置等方面的要求。

第五条 工贸企业应当实行有限空间作业监护制,明确专职或者兼职的监护人员,负责监督有限空间作业安全措施的落实。

监护人员应当具备与监督有限空间作业相适应的安全知识和应急处置能力,能够正确使用气体检测、机械通风、呼吸防护、应急救援等用品、装备。

2. 有限空间作业的风险管理

第六条 工贸企业应当对有限空间进行辨识,建立有限空间管理台账,明确有限空间数量、位置以及危险因素等信息,并及时更新。

鼓励工贸企业采用信息化、数字化和智能化技术,提升有限空间作业安全风险管控水平。

第七条 工贸企业应当根据有限空间作业安全风险大小,明确审批要求。

对于存在硫化氢、一氧化碳、二氧化碳等中毒和窒息等风险的有限空间作业,应当由工贸企业主要负责人或者其书面委托的人员进行审批,委托进行审批的,相关责任仍由工贸企业主要负责人承担。

未经工贸企业确定的作业审批人批准,不得实施有限空间作业。

3. 有限空间作业的分包管理

第八条 工贸企业将有限空间作业依法发包给其他单位实施的,应当与承包单位在合同或者协议中约定各自的安全生产管理职责。工贸企业对其发包的有限空间作业统一协调、管理,并对现场作业进行安全检查,督促承包单位有效落实各项安全措施。

4. 有限空间作业的培训

第九条 工贸企业应当每年至少组织一次有限空间作业专题安全培训,对作业审批人、监护人员、作业人员和应急救援人员培训有限空间作业安全知识和技能,并如实记录。

未经培训合格不得参与有限空间作业。

第十条 工贸企业应当制定有限空间作业现场处置方案,按规定组织演练,并进行演练效果评估。

5. 有限空间作业的场所管理

第十一条 工贸企业应当在有限空间出入口等醒目位置设置明显的安全警示标志,并在具备条件的场所设置安全风险告知牌。

第十二条 工贸企业应当对可能产生有毒物质的有限空间采取上锁、隔离栏、防护网或者其他物理隔离措施,防止人员未经审批进入。监护人员负责在作业前解除物理隔离措施。

6. 有限空间作业的装备管理

第十三条　工贸企业应当根据有限空间危险因素的特点,配备符合国家标准或者行业标准的气体检测报警仪器、机械通风设备、呼吸防护用品、全身式安全带等防护用品和应急救援装备,并对相关用品、装备进行经常性维护、保养和定期检测,确保能够正常使用。

7. 有限空间作业的作业要求

第十四条　有限空间作业应当严格遵守"先通风、再检测、后作业"要求。存在爆炸风险的,应当采取消除或者控制措施,相关电气设施设备、照明灯具、应急救援装备等应当符合防爆安全要求。

作业前,应当组织对作业人员进行安全交底,监护人员应当对通风、检测和必要的隔断、清除、置换等风险管控措施逐项进行检查,确认防护用品能够正常使用且作业现场配备必要的应急救援装备,确保各项作业条件符合安全要求。有专业救援队伍的工贸企业,应急救援人员应当做好应急救援准备,确保及时有效处置突发情况。

第十五条　监护人员应当全程进行监护,与作业人员保持实时联络,不得离开作业现场或者进入有限空间参与作业。

发现异常情况时,监护人员应当立即组织作业人员撤离现场。发生有限空间作业事故后,应当立即按照现场处置方案进行应急处置,组织科学施救。未做好安全措施盲目施救的,监护人员应当予以制止。

作业过程中,工贸企业应当安排专人对作业区域持续进行通风和气体浓度检测。作业中断的,作业人员再次进入有限空间作业前,应当重新通风、气体检测合格后方可进入。

8. 有限空间作业的监督检查

第十六条　存在硫化氢、一氧化碳、二氧化碳等中毒和窒息风险、需要重点监督管理的有限空间,实行目录管理。

监管目录由应急管理部确定、调整并公布。

第十七条　负责工贸企业安全生产监督管理的部门应当加强对工贸企业有限空间作业的监督检查,将检查纳入年度监督检查计划。对发现的事故隐患和违法行为,依法作出处理。

负责工贸企业安全生产监督管理的部门应当将存在硫化氢、一氧化碳、二氧化碳等中毒和窒息风险的有限空间作业工贸企业纳入重点检查范围,突出对监护人员配备和履职情况、作业审批、防护用品和应急救援装备配备等事项的检查。

第十八条　负责工贸企业安全生产监督管理的部门及其行政执法人员发现有限空间作业存在重大事故隐患的,应当责令立即或者限期整改;重大事故隐患排除前或者排除过程中无法保证安全的,应当责令暂时停止作业,撤出作业人员;重大事故隐患排除后,经审查同意,方可恢复作业。

2.16 《重庆市房屋建筑和市政基础设施工程有限空间作业施工安全管理规定(试行)》

1. 有限空间安全作业的管理范围

第二条 本市行政区域内房屋建筑和市政基础设施工程(以下简称房屋市政工程)新建、扩建、改建时有限空间施工作业的安全生产管理,适用本规定。

第三条 有限空间是指封闭或部分封闭,进出口较为狭窄有限,自然通风不良,易造成有毒有害、易燃易爆物质积聚或氧含量不足的空间。如地下管道、地下工程、暗沟、隧道、涵洞、桩孔、井道、箱梁等。

有限空间作业是指作业人员进入有限空间实施的作业活动。

2. 施工单位的安全管理职责

第七条 施工单位项目经理应加强有限空间作业的安全管理,履行以下职责:

(一)建立健全项目有限空间作业安全生产责任制,明确有限空间作业现场负责人、监护人员、作业人员;

(二)组织制定项目作业审批、现场管理、教育培训、应急救援、安全操作规程等有限空间作业管理制度;

(三)保证有限空间作业的安全投入,提供符合要求的通风、检测、防护、照明等安全防护设施和个人防护用品;

(四)督促检查有限空间作业的安全生产工作,落实有限空间作业的各项安全要求;

(五)提供应急救援保障,做好应急救援工作;

(六)及时、如实报告生产安全事故。

第八条 施工单位项目技术负责人应当组织编制有限空间作业专项施工方案、安全作业操作手册、安全技术措施等,向管理人员进行方案交底。涉及危险性较大的分部分项工程的,应按照相关规定落实方案编制、论证、验收等工作,并督促、检查实施情况。

第九条 施工单位项目安全生产管理部门应加强有限空间作业的日常检查,检查内容包括有限空间作业各项规定、规范的落实情况,有限空间作业施工现场的隐患排查情况以及安全防护设施和个人防护用品的配备、检测、维护等情况。

3. 相关人员的安全管理职责

第十条 有限空间作业应明确作业现场负责人、监护人员和作业人员,现场负责人和监护人员可以为同一人,由施工单位项目管理人员担任。不得在没有监护人的情况下作业。

(一)现场负责人职责。填写有限空间作业审批材料,办理作业审批手续;了解掌握整个作业过程中存在的危害因素;对全体作业人员进行安全交底;确认作业环境、作业程序、防护设施、作业人员符合要求;掌握作业现场情况,作业环境和安全防护措施符合要求后许可作业,作业条件不符合安全要求时,终止作业;发生有限空间作业险情、事故时,按要求及时报告和组织现场救援处置。

(二)监护人员职责。接受有限空间作业安全生产培训和安全交底;检查危险源辨识清单、防控措施与现场是否一致,发现落实不到位或措施不完善时,下达暂停或终止作业的指令,并报告现场负责人;持续对有限空间作业进行监护,确保与作业人员进行有效的信息沟通;出现异常情况时,发出撤离指令,并协助人员撤离有限空间;警告并劝离未经许可试图进入有限空间作业区域的人员。

(三)作业人员职责。接受有限空间作业安全生产培训和安全交底;遵守有限空间作业安全操作规程,正确使用有限空间作业安全设施与个人防护用品;服从作业现场负责人安全管理,接受现场安全监督,作业过程中与监护人员保持沟通;出现异常时立即中断作业,撤离有限空间。

第十一条 区县住房城乡建设主管部门和重庆市建设工程安全管理总站按职责对有限空间作业进行监督管理,健全完善安全生产长效管理机制,强化作业人员安全教训培训,将指导有限空间作业纳入监督交底,将有限空间作业检查纳入监督计划,督促参建单位落实有限空间作业措施要求。

2.17 《重庆市安全生产条例》

1. 从业人员的安全生产权利和义务

第三十七条 生产经营单位的从业人员享有下列权利:

(一)依法与生产经营单位签订劳动合同,并在合同中载明保障劳动安全、防止职业危害的事项;

(二)了解作业场所、工作岗位存在的危险因素、防范措施和事故应急措施;

(三)对本单位安全生产工作提出建议,对存在的问题提出批评、检举和控告;

(四)拒绝违章指挥或者强令冒险作业;

(五)发现直接危及人身安全紧急情况时,停止作业或者采取可能的应急措施后撤离作业现场;

(六)因生产安全事故受到损害的,除依法享有工伤保险外,依法提出赔偿要求;

(七)无偿使用工作所需的符合国家标准或者行业标准的劳动防护用品;

(八)法律、法规规定的其他权利。

第三十八条 生产经营单位应当保障从业人员依法享有安全生产权利,不得违章指挥、强令或者放任从业人员冒险作业,不得超过核定的生产能力、生产强度或者生产定员组织生产,不得违反操作规程、生产工艺、技术标准或者安全管理规定组织作业。

第三十九条 生产经营单位的从业人员应当履行下列义务:

(一)严格落实岗位安全责任,遵守本单位的安全生产规章制度和操作规程,服从管理,正确佩戴和使用劳动防护用品;

(二)接受安全生产教育和培训,参加应急救援演练,掌握工作所需的安全生产知识,提高安全生产技能,增强事故预防和应急处理能力;

(三)发现事故隐患或者其他不安全因素,应当立即向现场管理人员或者本单位负责人报告;

(四)发生生产安全事故时,应当及时报告并按相关规定处置,紧急撤离时服从现场统一指挥;

(五)配合安全生产监督检查、生产安全事故调查,如实提供有关情况;

(六)法律、法规规定的其他义务。

第四十条 生产经营单位的从业人员上岗前,应当对本岗位负责的设备、设施、作业场地、安全防护装置、物品堆放等进行岗位安全检查,确认安全后方可进行操作。

当次生产活动结束后,从业人员应当再次进行岗位安全检查,防止非生产时间发生事故。

第四十一条 生产经营单位应当依法参加工伤保险,为从业人员缴纳保险费。

国家规定的高危行业、领域的生产经营单位,应当依法投保安全生产责任保险。鼓励其他行业、领域的生产经营单位投保安全生产责任保险。保险机构应当建立生产安全事故预防服务制度,按照国家规定协助投保安全生产责任保险的生产经营单位开展安全风险辨识评估、生产安全事故隐患排查等事故预防工作。

鼓励单位和个人对生产经营活动中受到伤害的从业人员开展捐赠、救助。

2. 生产安全事故的应急救援和调查处理

第五十三条 市、区县(自治县)人民政府应当建立健全生产安全事故应急救援体系,统一规划、组织和指导应急救援队伍建设,组织有关部门制定生产安全事故应急救援预案,储备必要的应急救援物资、装备,组织、协调和督促本级人民政府有关部门与下级人民政府共同做好生产安全事故应急救援工作。

乡镇人民政府和街道办事处,以及开发区、工业园区、港区、风景区等应当制定相应的生产安全事故应急救援预案,协助有关部门或者按照授权依法履行生产安全事故应急救援工作职责。

鼓励有条件的地区根据实际需要建立应急救援基地。鼓励社会力量有序参与应急救援工作。

第五十四条 生产经营单位应当结合事故风险辨识、评估等情况,制定、公布、实施本单位生产安全事故应急救援预案,与所在地区县(自治县)人民政府组织制定的生产安全事故应急救援预案相衔接,并按照有关规定进行备案和定期演练。

危险物品的生产、经营、储存、运输单位以及矿山、金属冶炼、城市轨道交通运营、建筑施工单位应当建立应急救援组织,配备必要的应急救援器材、设备和物资,并进行经常性维护、保养,保证正常运转;生产经营规模较小的,可以不建立应急救援组织,但应当指定兼职的应急救援人员。

第五十五条 发生生产安全事故后,生产经营单位应当立即启动生产安全事故应急救援预案,根据事故危害程度依法采取相关应急救援措施。

事故现场有关人员应当立即报告本单位负责人。单位负责人接到事故报告后,应当迅速采取有效措施,组织抢救,防止事故扩大,减少人员伤亡和财产损失,并按照国家有关规定在一小时内向当地负有安全生产监督管理职责的部门报告。乡镇人民政府、街道办事处、公安派出所等有关单位接到生产安全事故报告,应当立即报告负有安全生产监督管理职责的部门。

负有安全生产监督管理职责的部门接到事故报告后,应当立即按照国家有关规定上报事故情况。

有关地方人民政府和负有安全生产监督管理职责的部门的负责人接到生产安全事故报告后,应当按照生产安全事故应急救援预案的要求立即赶到事故现场,组织事故抢救。参与事故抢救的部门和单位应当服从统一指挥。

任何单位和个人对事故情况不得隐瞒不报、谎报或者迟报,不得故意破坏事故现场、毁灭有关证据。

第五十六条 生产安全事故调查按照下列规定分级负责:

(一)特别重大事故,依法由国务院或者国务院授权的有关部门组织事故调查组进行调查的,市人民政府及其有关部门应当予以配合。

(二)重大事故、较大事故、性质严重、影响恶劣的一般事故或者其他需要提级调查的事故,由市人民政府负责调查。市人民政府可以直接组织事故调查组进行调查,也可以授权或者委托市应急管理部门组织事故调查组进行调查。

(三)前项规定以外的其他一般事故,由区县(自治县)人民政府负责调查。区县(自治县)人民政府可以直接组织事故调查组进行调查,也可以授权或者委托区县(自治县)应急管理部门组织事故调查组进行调查。未造成人员伤亡的一般事故,区县(自治县)人民政府也可以委托事故发生单位组织事故调查组进行调查。

前款第二项规定的事故由市人民政府依法对事故调查报告作出批复;前款第三项规定的事故由区县(自治县)人民政府依法对事故调查报告作出批复。

事故调查报告、批复应当自批复之日起三十日内抄送有关负有安全生产监督管理职责的部门,事故调查报告应当依法及时向社会公布。

第五十七条 事故发生单位以及有关协助事故调查单位应当配合事故调查工作,在事故调查组规定时限内如实提供相关资料,不得编造、篡改、毁弃与事故有关的原始资料。

第五十八条 市、区县(自治县)人民政府应当按照国家有关规定,对在生产安全事故应急救援中伤亡的人员及时给予救治和抚恤;符合烈士评定条件的,按照国家有关规定评定为烈士。

2.18 《重庆市建设工程安全生产管理办法》

施工单位的安全责任的有关规定:

第十七条 施工单位对建设工程施工安全负责,应当依法取得安全生产许可证,设置专门的安全生产管理机构,按照要求配备专职安全生产管理人员,建立安全生产保证体系,制定安全事故应急救援预案,按照规定使用安全生产费用,对建设工程施工现场实施安全生产标准化管理。

第十八条　施工单位主要负责人依法对本单位安全生产工作全面负责。

项目负责人对建设工程安全生产具体负责。

施工现场专职安全生产管理人员负责对建设工程安全生产进行现场监督检查。

第十九条　施工单位负责人、项目负责人应当按照规定对建设工程实施带班检查、带班生产。

第二十条　施工单位应当建立建设工程安全生产费用使用管理制度,按照规定使用。安全生产费用应当单独建立使用台账,并在财务账上专项列支,专款专用,不得挪作他用。

第二十一条　施工单位应当辨识和公示危险性较大分部分项工程。

危险性较大分部分项工程实施前,施工单位应当按照规定程序组织编制、论证、审查安全专项施工方案,并按照审定的安全专项施工方案进行交底、施工、验收和监测。

第二十二条　施工单位应当向施工作业人员提供符合国家标准或者行业标准的劳动防护用品,并督促施工作业人员按照规定使用。

施工单位应当履行以下书面告知义务:

(一)工作场所和工作岗位的危险因素;

(二)危险岗位的操作规程;

(三)违章操作的危害;

(四)安全事故和职业危害的防范措施;

(五)发生紧急情况时的应急措施;

(六)其他应当告知的事项。

第二十三条　施工作业人员有以下权利:

(一)知晓作业的危险和危害;

(二)对施工作业的安全问题提出改进建议、批评、举报和投诉;

(三)取得职业卫生与健康保障的权利;

(四)拒绝违章指挥和强令冒险作业;

(五)在施工中发现有危及人身安全的紧急情况时,立即停止作业或者在采取必要的应急措施后撤离危险区域;

(六)接受安全生产教育和培训;

(七)法律法规规定的其他权利。

第二十四条　施工作业人员应当履行下列义务:

(一)依法取得相应的岗位证书;

(二)遵守安全生产的强制性标准、规章制度和操作规程;

(三)正确使用安全防护用品、机械设备;

(四)服从安全生产管理;

(五)接受安全生产教育和培训,参加安全应急演练;

(六)法律法规规定的其他义务。

2.19 《重庆市工伤保险实施办法》

下列所指《条例》即《工伤保险条例》。

1. 有限空间安全作业的管理范围

第十一条　社会保险行政部门按《条例》规定进行工伤认定。

职工发生事故伤害,用人单位应当自事故发生之日起3日内向负责工伤认定的社会保险行政部门报告,并填报《事故伤害报告表》;发生死亡事故或一次负伤3人以上(包括3人)的伤害事故,应在24小时内通过电话、传真等方式及时报告。

第十二条　职工因工发生事故伤害或者依法被诊断、鉴定为职业病,所在单位应当自事故伤害发生之日或者被诊断、鉴定为职业病之日起30日内,向参保地区县(自治县)社会保险行政部门提出工伤认定书面申请。遇有特殊情况需要延期提出工伤认定书面申请的,用人单位应当在事故发生之日或者被诊断、鉴定为职业病之日起30日内向参保地区县(自治县)社会保险行政部门提出书面延期申请,社会保险行政部门应当自收到申请之日起3个工作日内书面答复;对有正当理由的,申请时限最多可以延长30日。

用人单位未按前款规定提出工伤认定申请的,工伤职工或者其近亲属、工会组织在事故伤害发生之日或者被诊断、鉴定为职业病之日起1年内,可直接向参保地区县(自治县)社会保险行政部门提出工伤认定书面申请。

用人单位未在本条第一款规定的时限内提交工伤认定书面申请或延期认定申请的,从事故伤害发生之日或被诊断、鉴定为职业病之日起至社会保险行政部门受理工伤认定申请之日止,期间发生的医疗费、伙食补助费、市外就医的交通食宿费和工亡职工供养亲属抚恤金由用人单位承担。

第十三条　工伤认定由用人单位参保地区县(自治县)社会保险行政部门负责。职工在参保地之外发生事故,参保地社会保险行政部门可委托事故发生地社会保险行政部门进行调查核实。

受伤职工未参加工伤保险的,本市用人单位由注册地或住所地区县(自治县)社会保险行政部门负责工伤认定,市外用人单位在本市从事生产经营活动的由生产经营地区县(自治县)社会保险行政部门负责工伤认定。

2. 劳动能力鉴定

第十八条　市、区县(自治县)劳动能力鉴定委员会由同级社会保险行政部门、卫生行政部门、工会组织、经办机构代表以及用人单位代表组成。市、区县(自治县)劳动能力鉴定委员会下设办公室,挂靠在同级社会保险行政部门,负责劳动能力鉴定委员会的日常工作。

第十九条　劳动能力鉴定委员会承担以下鉴定或确认工作:

(一)工伤职工劳动能力的鉴定;

(二)延长停工留薪期的确认;

(三)配置辅助器具的确认;

(四)疾病与工伤关联的确认;

(五)供养亲属完全丧失劳动能力的鉴定;

(六)工伤康复的确认;

(七)工伤职工旧伤复发的确认;

(八)其他受委托的劳动能力鉴定。

第二十条　工伤职工伤情处于相对稳定状态,用人单位、工伤职工或者其近亲属可向劳动能力鉴定委员会提出劳动能力鉴定申请。工伤职工停工留薪期满或停工留薪期终止,应当进行劳动能力鉴定。

用人单位、工伤职工或者其近亲属向劳动能力鉴定委员会提出劳动能力鉴定申请时,应填报《劳动能力鉴定表》,并提交《工伤认定决定书》、病历及相关诊疗资料等。用人单位、工伤职工或者其近亲属申请其他工伤鉴定(确认)的,应按规定提交相关资料。

劳动能力鉴定(确认)具体办法由市社会保险行政部门制定。

第二十一条　工伤职工再次发生工伤后申请劳动能力鉴定的,先对新发生的工伤作出劳动能力鉴定结论,再结合原有工伤作出综合劳动能力鉴定结论。

第二十二条　申请鉴定的单位或者个人对区县(自治县)劳动能力鉴定委员会的鉴定(确认)结论不服的,可以在收到鉴定(确认)结论之日起15日内向市劳动能力鉴定委员会申请再次鉴定(确认),并提交区县(自治县)劳动能力鉴定委员会的鉴定结论及相关材料。

市劳动能力鉴定委员会的再次鉴定(确认)结论为最终结论

第二十三条　自生效的劳动能力鉴定结论作出之日起1年后,工伤职工及其近亲属、工伤职工所在单位或经办机构认为其伤残情况发生变化的,可以向负责首次鉴定的劳动能力鉴定委员会申请复查鉴定。

第二十四条　按本办法第十九条规定的范围所产生的劳动能力鉴定(确认)费及鉴定检查费用,参加工伤保险并足额缴纳工伤保险费的,由工伤保险基金支付;未参加工伤保险的或未足额缴纳工伤保险费期间发生的劳动能力鉴定(确认)费及鉴定检查费用,由用人单位承担。

鉴定(确认)结果为与工伤无关联的疾病、供养亲属未完全丧失劳动能力以及再次鉴定(确认)或复查鉴定的结论没有变化,所产生的鉴定(确认)费及鉴定检查费用由申请者承担。

劳动能力鉴定(确认)费收费标准由市物价部门会同市财政部门确定。

第二十五条　工伤职工在停工留薪期内或者尚未作出劳动能力鉴定结论的,用人单位不得解除劳动合同或者终止劳动关系。

3. 工伤保险待遇

第二十七条　职工住院治疗工伤期间的伙食补助费,以及经批准到市外就医所需的交通、食宿费标准由市社会保险行政部门会同市财政部门制定,报市人民政府批准后执行。

第二十八条　职工治疗工伤,实行定点医疗。就医和结算管理办法由市社会保险行政部门会同市财政、市卫生行政部门制定。工伤医疗、康复、辅助器具配置定点机构管理办法由市社会保险行政部门制定。

第三十一条 工伤职工停工留薪期一般不超过12个月。伤情严重或者情况特殊的,工伤职工或其近亲属应在停工留薪期满前申请延长停工留薪期,经参保地的劳动能力鉴定委员会确认可以适当延长,但延长期限最长不得超过12个月。用人单位、工伤职工或其近亲属对延长停工留薪期确认存在争议的,由用人单位、工伤职工或其近亲属向市劳动能力鉴定委员会申请再次确认。停工留薪期确认及管理的具体办法由市社会保险行政部门制定。

第三十二条 对在进行劳动能力鉴定期间停工留薪期满的工伤职工,停发停工留薪期待遇;如因工伤不能从事工作的,由用人单位按不低于病假待遇的标准支付相关待遇。

第三十三条 工伤职工因日常生活或者就业需要,要求安装、配置辅助器具的,由用人单位或工伤职工根据工伤职工就医定点医疗机构建议,向参保地区县(自治县)劳动能力鉴定委员会申请确认。经确认需要安装、配置的,到工伤保险定点辅助器具配置机构安装、配置,所需费用按照国家和我市有关规定由工伤保险基金支付,具体办法由市社会保险行政部门制定。

第三十四条 职工因工受伤或者被诊断(鉴定)为职业病并认定为工伤的,从受伤之日或诊断(鉴定)为职业病之日起,享受工伤医疗待遇;职工因工致残被鉴定为一至十级伤残的,从生效的劳动能力鉴定结论作出的次月起享受工伤保险待遇;职工因工死亡的,以其死亡当日计算一次性工亡待遇和工亡职工供养亲属年龄,从其死亡的次月起供养亲属享受供养亲属抚恤金待遇。

首次计发一至六级工伤职工伤残津贴金额不得低于本市最低工资标准的最高档次。

第三十五条 职工因工致残被鉴定为一至四级伤残的,保留劳动关系,退出工作岗位;以伤残津贴为基数,按规定缴纳各项社会保险费。具体缴费办法由市社会保险行政部门制定。

第三十六条 五至十级工伤职工本人提出与用人单位解除劳动关系或者用人单位依法解除劳动关系的,或七级至十级工伤职工劳动合同期满用人单位难以安排工作而终止劳动关系的,自与用人单位按规定程序终止劳动关系之日起,与经办机构的工伤保险关系同时终止,由工伤保险基金支付一次性工伤医疗补助金,由用人单位支付一次性伤残就业补助金,计发标准如下:

一次性工伤医疗补助金以解除劳动关系之日的本市上年度职工月平均工资为计发基数,按五级12个月、六级10个月、七级8个月、八级6个月、九级4个月、十级2个月计发。

一次性伤残就业补助金以解除劳动关系之日的本市上年度职工月平均工资为计发基数,按五级60个月、六级48个月、七级15个月、八级12个月、九级9个月、十级6个月计发。终止或解除劳动关系时,工伤职工距法定退休年龄10年以上(含10年)的,一次性伤残就业补助金按全额支付;距法定退休年龄9年以上(含9年)不足10年的,按90%支付;以此类推,每减少1年递减10%。距法定退休年龄不足1年的,按全额的10%支付;达到法定退休年龄的工伤职工,不计发一次性伤残就业补助金。

五至六级工伤职工在本办法实施前已提出解除劳动合同、终止工伤保险关系的,一次性伤残就业补助金按原标准执行;本办法实施后提出解除劳动合同、终止工伤保险关系的,一次性伤残就业补助金按本办法标准执行。

2.20 《重庆市住房和城乡建设委员会关于进一步做好房屋市政工程有限空间作业安全管理工作的通知》

1. 实行有限空间作业人员持证上岗

将有限空间作业人员、监护人员纳入我市建筑施工特种作业人员管理范围,从人员准入、培训考试、考核发证、持证上岗、安全教育等方面从严从紧管理。所有施工现场有限空间作业(包括城镇排水与污水处理运行维护有限空间作业)人员,必须取得特种人员操作资格证后方可作业。

2. 落实有限空间作业人员安全教育培训

严格落实参建单位,特别是施工单位,安全生产培训教育主体责任,通过"重庆建筑施工安全教育平台"等多种方式,深入开展全员安全培训、新进场人员"三级安全教育"、特种作业人员和"三类人员"安全培训等,落实先培训后上岗制度;强化实名制管理,开展劳务单位管理人员到岗履职和劳务人员安全培训。各项目每月应开展不少于一次的覆盖所有人员的有限空间作业安全教育培训。全面推行有限空间作业"两单两卡",将学习、应用、操作"两单两卡"作为重点,明确岗位职责、操作规程、风险隐患及应急处置措施,提高从业人员安全意识和技能水平。

3. 规范有限空间作业全过程管控

有限空间是指封闭或部分封闭,进出口较为狭窄有限,自然通风不良,易造成有毒有害、易燃易爆物质积聚或氧含量不足的空间。如地下管道、地下工程、暗沟、隧道、涵洞、桩孔、井道、箱梁等。有限空间作业是指作业人员进入有限空间实施的作业活动。

(1)严格执行审批制度。有限空间作业前,施工单位作业现场负责人填写有限空间作业审批表,报项目经理审核后,报建设单位、监理单位审批。未经批准,任何人不得进入有限空间作业。

(2)严格遵循"先通风、再检测、后作业"原则。有限空间作业前,施工单位应根据作业现场和周边环境情况,检测有限空间可能存在的危害因素;检测指标包括氧浓度值、易燃易爆物质(可燃性气体、爆炸性粉尘)浓度值、有毒气体浓度值等。应根据检测结果对作业环境危害状况进行评估,制定消除、控制危害的措施,确保整个作业期间处于安全受控状态。检测结果不合格,严禁人员进入有限空间作业。

(3)严格作业过程中的危害因素监测。有限空间作业过程中,施工单位应按规定对作业场所中危害因素进行检测。作业人员工作面发生变化时,视为进入新的有限空间,应重新检测后再进入。应采取强制性持续通风措施降低危险,保持空气流通。严禁用纯氧进行通风换气。

(4)严格作业区域封闭管理。施工单位应对作业区域进行封闭管理,保持出入口畅通,并在有限空间出入口周边显著位置设置安全警示标志和安全告知牌。作业结束后,要对作业人员进行清点,并将全部设施设备和工具带离有限空间。确保有限空间内无人员和设备遗留后,关闭出入口,恢复现场安全环境,严防无关人员再次进入有限空间。

4. 提升有限空间作业应急救援处置能力

(1)施工单位应为作业人员配备符合国家标准要求的通风、检测、照明、通信、应急救援等设备和个人防护用品,配备应急救援装备,包括全面罩正压式空气呼吸器或长管面具等隔离式呼吸保护器具、应急通信报警器材、现场快速检测设备、大功率强制通风设备、应急照明设备、安全绳、安全梯和救生索等基本装备。设备装备和防护用品应妥善保管,并按规定进行检验、维护,保证正常运行。

(2)施工单位应结合现场实际,制定科学、合理、可行、有效的有限空间作业事故专项应急预案。项目每年至少进行一次有限空间作业专项应急演练。建设单位应会同监理等参建单位,对施工单位应急预案制定、演练等工作开展指导。

(3)有限空间发生事故或险情时,项目负责人应立即下令停止施工作业,通过观察、有害气体检测等方式,了解受困人员及有限空间环境等情况,第一时间拨打119、120等请求救援。同时向有限空间内持续输送清洁空气,设置警戒区域,严禁无关人员进入。救援过程中,救援人员应正确穿戴防护装备,配备通信器材后开展救援,救援过程中应采取可靠的隔离(隔断)措施防止有毒有害气体、电能、高温物料等危险源造成次生伤害。出现可能危及救援人员安全的情况时,救援人员应立即撤离危险区域,具备安全条件后再进入有限空间内实施救援。严禁救援人员在未确认和有效保障自身安全前提下盲目施救。

5. 强化现场工人管理

全面推行现场安全生产网格化管理,参建单位按照"定格、定人、定责、定时"要求,保障项目每个标段、每个区间安全管理人员"不缺位"。在有限空间等危险作业环境,适时通过广播、语音提醒安全注意事项,确保只要有作业人员施工就有管理人员在场管理、在场提醒,及时纠正违章行为、消除现场隐患,杜绝不安全行为的发生。

第3章 有限空间作业基本知识与风险辨识

3.1 有限空间作业基本知识

1. 有限空间的概念

(1)美国劳工部 *Permit-Required Confined Spaces*(1910.146)对有限空间的定义。

有限空间为满足以下条件的作业空间:

①这个空间足够员工进入并执行所分配的工作;

②进出受到一定的限制(如罐、容器、料仓、料斗和坑等,可能只有有限的进入方式);

③不适合员工长期停留。

(2)澳大利亚 *Confined space*(AS2865:2009)对有限空间的定义。

有限空间为封闭或部分封闭,且并不是设计为人所用的空间,在该空间中有一个或多个以下的风险:

①氧气浓度超出安全范围;

②空气中污染物浓度超标,可能会使人丧失意识或窒息;

③空气中易燃物可能造成火灾或爆炸;

④空间中存储流动的固体或液体可能造成掩埋,使人窒息或溺水。

(3)加拿大标准协会 *Management of Work in Confined Spaces First Edition*(Z1006-10-2010)对有限空间的定义:有限空间是一个完全或部分封闭的工作区域,它不是设计或用于人们长时间停留且进出受到限制的空间,或者其内部结构不易提供急救、疏散、救援或其他应急服务。

(4)国内相关文件对有限空间的定义见表3.1。

表3.1 国内相关文件对有限空间的定义

文件名	文件号	定义
《应急管理部办公厅关于印发〈有限空间作业安全指导手册〉和4个专题系列折页的通知》	应急厅函〔2020〕299号	有限空间是指封闭或部分封闭、进出口受限但人员可以进入,未被设计为固定工作场所,通风不良,易造成有毒有害、易燃易爆物质积聚或氧含量不足的空间

表 3.1(续)

文件名	文件号	定义
《工贸企业有限空间作业安全规定》	中华人民共和国应急管理部令第 13 号	封闭或者部分封闭,未被设计为固定工作场所,人员可以进入作业,易造成有毒有害、易燃易爆物质积聚或者氧含量不足的空间
《密闭空间作业职业危害防护规范》	GBZ/T 205—2007	与外界相对隔离,进出口受限,自然通风不良,足够容纳一人进入并从事非常规、非连续作业的有限空间(如炉、塔、釜、槽车以及管道、烟道、隧道、下水道、沟、坑、井、池、涵洞、船舱、地下仓库、储藏室、地窖、谷仓等)
《化学品生产单位受限空间作业安全规范》	AQ3028—200	化学品生产单位的各类塔、釜、槽、罐、炉膛、锅筒、管道、容器以及地下室、窨井、坑(池)、下水道或其他封闭、半封闭场所
《有限空间作业安全技术规范(征求意见稿)》	待发布	有限空间又称受限空间,指封闭或部分封闭,进出受限但人员可以进入或探入,未被设计为固定工作场所,通风不良,易造成有毒有害、易燃易爆物质积聚或氧含量不足的空间

总之,一切通风不良、容易造成有毒有害气体积聚和缺氧的设备、设施及场所都称为有限空间(作业受到限制的空间),在有限空间的作业都称为有限空间作业。

2. 有限空间的特征

在生产安全领域,受限空间主要是化工行业约定俗成的用语,而有限空间主要是冶金等工贸企业的规范用语。除了行业领域的叫法区别外,有限空间通常指的是封闭或者部分封闭,与外界隔离,出入口较窄的空间,但有足够的空间让工人能够进入并执行工作。这些空间的入口和出口可能会受到限制,但并不像受限空间那样严格。受限空间则是指那些具有限制性开口的空间,工人进出需要特殊的方法,如爬梯或使用绳索。这些空间通常不适合持续占用,并且可能会有潜在的危险气体积聚或其他危险条件。受限空间由于其结构特点,更容易积聚有害气体,因此潜在的危险性更大。

有限空间须同时满足 3 个物理条件和至少 1 个危险特征,即"3+1"条件。

有限空间须同时满足以下 3 个物理条件:

(1)足够大到员工可以进入从事指定的工作;

(2)进入和撤离受到限制,不能自如进出;

(3)并非设计用来给员工长时间在内工作。

同时,有限空间须至少满足以下 1 个危险特征:

(1)内部存在或可能出现有毒有害气体和可燃气体;

(2)内部存在或可能出现能掩埋进入者的物料;

(3)受限空间的内部结构可能将进入者困在其中;

(4)存在任何其他已识别的严重安全或健康危害,如缺氧、触电、高处坠落等。

3. 有限空间的分类

有限空间分为地下有限空间、地上有限空间和密闭设备有限空间三大类。

(1)地下有限空间,如地下室、地下仓库、地下工程、地下管沟、暗沟、隧道、涵洞、地坑、深基坑、废井、地窖、检查井室、沼气池、化粪池、污水池、污水井、电力电缆井等。

常见的地下有限空间如图3.1所示。

图 3.1　常见的地下有限空间

(2)地上有限空间,如酒糟池、发酵池、腌渍池、纸浆池、粮仓、料仓等。

常见的地上有限空间如图3.2所示。

(a)发酵池

(b)料仓

图 3.2　常见的地上有限空间

(c) 粮仓

图 3.2(续)

（3）密闭设备有限空间，如船舱、储（槽）罐、车载槽罐、反应塔（釜）、窑炉、炉膛、烟道、煤气管道及锅炉等。

常见的密闭设备有限空间如图 3.3 所示。

(a) 储罐　　　　　　　(b) 反应塔（釜）　　　　　　(c) 锅炉

图 3.3　常见的密闭设备有限空间

4. 房屋与市政基础设施工程常见的有限空间

《重庆市房屋建筑和市政基础设施工程有限空间作业施工安全管理规定（试行）》（渝建质安〔2022〕64 号）及《重庆市住房和城乡建设委员会关于进一步做好房屋市政工程有限空间作业安全管理工作的通知》（渝建质安〔2023〕37 号）指出：有限空间是指封闭或部分封闭，进出口较为狭窄有限，自然通风不良，易造成有毒有害、易燃易爆物质积聚或氧含量不足的空间。如地下管道、地下工程、暗沟、隧道、涵洞、桩孔、井道、箱梁等。

《重庆市建设工程施工安全管理总站、重庆市建设岗位培训中心关于开展有限空间作业人员培训考核工作的通知》（渝建安发〔2023〕43 号）规定，在房屋建筑和市政基础设施建设、装饰装修、拆除、大型维修（包括城镇排水与污水处理运行维护）等住建领域从事有限空间作业及监护的工作人员纳入重庆市建筑施工特种作业人员管理范围。作业范围包括：在地下管沟、涵洞、桩孔、井道、检查井室等密闭空间从事开挖、清除、清理、巡查、检修作业；设备设施的安装、检查、更换、维修作业；管线敷设、涂装、防腐、防水、焊接等作业。

5. 案例：低洼地毒气聚集，多位村民命丧黄泉

悲剧发生在 2023 年 12 月 26 日，重庆市某社区的 6 位村民在疑似气体中毒后不幸晕

倒,其中3人经抢救无效不幸离世。网络上流传的照片显示,这片土地上堆满了黄色的物体,如图3.4所示。接到报警后,警方和120急救人员迅速赶到现场,并在事故地点周围拉起了警戒线,以确保现场安全并展开救援工作。

图3.4 某中毒窒息事故发生现场

事故经过:在事发地点,有人将大量柑橘堆放在低洼地,这导致了有毒气体的产生。该块土地的租借者意图填平该坑,因此雇用人员进行施工处理。不幸的是,工人在下坑后中毒倒地,无法自行脱险。闻讯赶来的村民试图进行救援,但他们也不幸地因中毒倒在了坑中。

原因分析:被丢弃的柑橘在坑洞内腐烂,产生了致命的硫化氢气体。由于坑洞地势低洼,这些有毒气体在坑底聚集,形成了危险环境。工人进入坑中,便暴露于高浓度的有毒气体中,从而导致了中毒事故的发生。

结论:尽管上述场景并不完全符合传统意义上的"有限空间"特征,但由于洼地极易导致硫化氢气体积聚的特性,仍然存在中毒和窒息的风险。因此,我们应当加强对这类特殊风险的识别与防范。

3.2 有限空间危险有害因素及风险辨识

1.20 大类伤害解释

《企业职工伤亡事故分类标准》(GB 6441—86)对工作场所中常见的伤害类型进行了详尽的分类,共划分为20大类。这些类型涵盖了从物体打击、车辆伤害到机械伤害等多种伤害形式。

该标准为企业在统计和记录职工伤亡事故时提供了一个统一的分类体系,有助于更准确地识别和分析事故原因,从而采取有效的预防措施。在进行有限空间作业时,企业应当深入评估作业环境,识别可能引发各类伤害的风险,并采取适当的预防控制措施,以确保作业人员的安全。20大类伤害的定义及发生场景大致如下。

（1）物体打击

物体打击指失控物体的惯性力造成的人身伤害事故。如落物、滚石、锤击、碎裂、崩块。

（2）车辆伤害

车辆伤害指本企业机动车辆引起的机械伤害事故。如机动车辆在行驶中的挤、压、撞车或倾覆等事故，在行驶中上下车、搭乘矿车或放飞车所引起的事故，以及车辆运输挂钩、跑车事故。

（3）机械伤害

机械伤害指机械设备与工具引起的绞、辗、碰、割戳、切等伤害。如工件或刀具飞出伤人，切屑伤人，手或身体被卷入，手或其他部位被刀具碰伤、被转动的机构缠压住等。常见伤害人体的机械设备有皮带运输机、球磨机、行车、卷扬机、干燥车、气锤、车床、辊筒机、混砂机、螺旋输送机、泵、压模机、灌肠机、破碎机、推焦机、榨油机、硫化机、卸车机、离心机、搅拌机、轮碾机、制毡撒料机、滚筒筛等。但属于车辆、起重设备的情况除外。

（4）起重伤害

起重伤害指从事起重作业时引起的机械伤害事故。其包括各种起重作业引起的机械伤害，但不包括触电、检修时制动失灵引起的伤害、上下驾驶室时引起的坠落式跌倒。起重伤害事故是指在进行各种起重作业（包括吊运、安装、检修、试验）中发生的重物（包括吊具、吊重或吊臂）坠落、起重机倾翻、夹挤、高处跌落、触电等事故。起重伤害事故形式如下。

①重物坠落。吊具或吊装容器损坏、物件捆绑不牢、挂钩不当、电磁吸盘突然失电、起升机构的零件故障（特别是制动器失灵，钢丝绳断裂）等都会引发重物坠落。处于高位置的物体具有势能，当坠落时，势能迅速转化为动能，上吨重的吊载意外坠落，或起重机的金属结构件破坏、坠落，都可能造成严重后果。

②起重机倾翻。起重机失稳有两种类型：一是由于操作不当（如超载、臂架变幅或旋转过快等）、支腿未找平或地基沉陷等使倾翻力矩增大，导致起重机倾翻；二是由于坡度或风载荷作用，使起重机沿路面或轨道滑动，导致脱轨翻倒。

③夹挤。起重机轨道两侧缺乏良好的安全通道或与建筑结构之间缺少足够的安全距离，使运行或回转的金属结构机体对人员造成夹挤伤害；运行机构的操作失误或制动器失灵引起溜车，造成碾压伤害等。

④高处跌落。人员在离地面大于 2 m 的高度进行起重机的安装、拆卸、检查、维修或操作等作业时，从高处跌落造成的伤害。

⑤触电。起重机在输电线附近作业时，其任何组成部分或吊物与高压带电体距离过近，感应带电或触碰带电物体，都可以引发触电伤害。

⑥其他伤害。其他伤害是指人体与运动零部件接触引起的绞、碾、戳等伤害；液压起重机的液压元件破坏造成高压液体的喷射伤害；飞出物件的打击伤害；装卸高温液体金属、易燃易爆、有毒、腐蚀等危险品，由于坠落或包装捆绑不牢破损引起的伤害等。

（5）触电

触电指电流流经人体，造成生理伤害的事故。其适用于触电、雷击伤害。如人体接触带电的设备金属外壳或裸露的临时线，漏电的手持电动工具；起重设备误触高压线或感应带电；雷击伤害；触电坠落等事故。

(6) 淹溺

淹溺指因大量水经口、鼻进入肺内,造成呼吸道阻塞,发生急性缺氧而窒息死亡的事故。其适用于船舶、排筏、设施在航行、停泊作业时发生的落水事故。

(7) 灼烫

灼烫指强酸、强碱溅到身体引起的灼伤,或因火焰引起的烧伤,高温物体引起的烫伤,放射线引起的皮肤损伤等事故。其适用于烧伤、烫伤、化学灼伤、放射性皮肤损伤等伤害,但不包括电烧伤以及火灾事故引起的烧伤。

(8) 火灾

火灾指造成人身伤亡的企业火灾事故。其不适用于非企业原因造成的火灾,比如,居民火灾蔓延到企业。此类事故属于消防部门统计的事故。

(9) 高处坠落

高处坠落指出于危险重力势能差引起的伤害事故。其适用于脚手架、平台、陡壁施工等高于地面的坠落,也适用于山地面踏空失足坠入洞、坑、沟、升降口、漏斗等情况,但排除以其他类别为诱发条件的坠落。如高处作业时,因触电失足坠落应定为触电事故,不能按高处坠落划分。

(10) 坍塌

坍塌指建筑物、构筑、堆置物等倒塌以及土石塌方引起的事故。其适用于因设计或施工不合理而造成的倒塌,以及土方、岩石发生的塌陷事故。如建筑物倒塌,脚手架倒塌,挖掘沟、坑、洞时土石的塌方等情况;不适用于矿山冒顶片帮事故,或因爆炸、爆破引起的坍塌事故。

(11) 冒顶片帮

矿井工作面、巷道侧壁由于支护不当、压力过大造成的坍塌,称为片帮;顶部垮落称为冒顶。二者常同时发生,称为冒顶片帮。其适用于矿山、地下开采、掘进及其他坑道作业发生的坍塌事故。

(12) 透水

透水指矿山、地下开采或其他坑道作业时,意外水源带来的伤亡事故。其适用于井巷与含水岩层、地下含水带、溶洞或与被淹巷道、地面水域相通时,涌水成灾的事故;不适用于地面水害事故。

(13) 放炮

放炮指施工时,放炮作业造成的伤亡事故。其适用于各种爆破作业,如采石、采矿、采煤、开山、修路、拆除建筑物等工程进行的放炮作业引起的伤亡事故。

(14) 瓦斯爆炸

瓦斯爆炸指可燃性气体瓦斯、煤尘与空气混合形成了达到燃烧极限的混合物,接触火源时,引起的化学性爆炸事故。其主要适用于煤矿,同时也适用于空气不流通,瓦斯、煤尘积聚的场合。

(15) 火药爆炸

火药爆炸指火药在生产、运输、储藏的过程中发生的爆炸事故。其适用于火药生产在配料、运输、储藏、加工过程中,由于振动、明火、摩擦、静电作用,或因火药的热分解作用,储藏时间过长或因存药过多发生的化学性爆炸事故,以及熔炼金属时,废料处理不净,残存火药或金属引起的爆炸事故。

(16)锅炉爆炸

锅炉爆炸指锅炉发生的物理性爆炸事故。其适用于使用工作压力大于 0.07 MPa、以水为介质的蒸汽锅炉(以下简称"锅炉"),但不适用于铁路机车、船舶上的锅炉以及列车电站和船舶电站的锅炉。

(17)容器爆炸

容器(压力容器的简称)是指比较容易发生事故,且事故危害性较大的承受压力载荷的密闭装置。容器爆炸是压力容器破裂引起的气体爆炸,即物理性爆炸,包括容器内盛装的可燃性液化气在容器破裂后,立即蒸发,与周围的空气混合形成爆炸性气体混合物,遇到火源时产生的化学爆炸,也称容器的二次爆炸。

(18)其他爆炸

凡不属于上述爆炸的事故均列为其他爆炸事故,如:

①可燃性气体(如煤气、乙炔等)与空气混合形成的爆炸;

②可燃蒸气与空气混合形成的爆炸性气体混合物,如汽油挥发气引起的爆炸;

③可燃性粉尘以及可燃性纤维与空气混合形成的爆炸性气体混合物引起的爆炸;

④间接形成的可燃气体与空气相混合,或者可燃蒸气与空气相混合(如可燃固体、自燃物品,当其受热、水、氧化剂的作用迅速反应,分解出可燃气体或蒸气与空气混合形成爆炸性气体),遇火源爆炸的事故。

炉膛爆炸,钢水包、亚麻粉尘的爆炸,都属于上述爆炸方面的,亦均属于其他爆炸。

(19)中毒和窒息

中毒和窒息指人接触有毒物质,如误吃有毒食物或呼吸有毒气体引起的人体急性中毒事故,或在废弃的坑道、暗井、涵洞、地下管道等不通风的地方工作,因为氧气缺乏,有时会发生突然晕倒,甚至死亡的事故称为窒息。两种现象合为一体,称为中毒和窒息事故。其不适用于病理变化导致的中毒和窒息的事故,也不适用于慢性中毒的职业病导致的死亡。

(20)其他伤害

凡不属于上述伤害的事故均称为其他伤害,如扭伤、跌伤、冻伤、野兽咬伤、钉子扎伤等。

2. 有限空间常见的危害

有限空间可能存在的危害如下:

(1)缺氧窒息;

(2)中毒;

(3)燃爆;

(4)其他危害,如淹溺、高处坠落、触电等。

常见有限空间作业主要安全风险辨识示例见表3.2。

表 3.2　常见有限空间作业主要安全风险辨识示例

有限空间种类	有限空间	作业可能存在的主要安全风险
地下有限空间	废井、地坑、地窖、通信井	缺氧、高处坠落
	电力工作井(隧道)	缺氧、高处坠落、触电
	热力井(小室)	缺氧、高处坠落、高温高湿、灼烫
	污水井、污水池、沼气池、化粪池、下水道	硫化氢中毒、缺氧、可燃性气体爆炸、高处坠落、淹溺
	燃气井(小室)	缺氧、可燃性气体爆炸、高处坠落
	深基坑	缺氧、高处坠落、坍塌
地上有限空间	酒糟池、发酵池、纸浆池	硫化氢中毒、缺氧、高处坠落
	腌渍池	硫化氢中毒、氰化氢中毒、缺氧、高处坠落、淹溺
	料仓	缺氧、磷化氢中毒、可燃性粉尘爆炸、高处坠落、掩埋
密闭设备有限空间	窑炉、炉膛、锅炉、烟道、煤气管道	缺氧、一氧化碳中毒、可燃性气体爆炸
	储罐、反应塔(釜)	缺氧、中毒、可燃性气体爆炸、高处坠落

3. 中毒、缺氧窒息、气体燃爆风险辨识

对于中毒、缺氧窒息、气体燃爆风险,主要从有限空间内部存在或产生、作业时产生和外部环境影响三个方面进行辨识。

(1)内部存在或产生的风险

①有限空间内是否储存、使用、残留有毒有害气体以及可能产生有毒有害气体的物质,导致中毒。

②有限空间是否长期封闭、通风不良,或内部发生生物有氧呼吸等耗氧性化学反应,或存在单纯性窒息气体,导致缺氧。

③有限空间内是否储存、残留或产生易燃易爆气体,导致燃爆。

(2)作业时产生的风险

①作业时使用的物料是否会挥发或产生有毒有害、易燃易爆气体,导致中毒或燃爆。

②作业时是否会大量消耗氧气,或引入单纯性窒息气体,导致缺氧。

③作业时是否会产生明火或潜在的点火源,增加燃爆风险。

(3)外部环境影响产生的风险

与有限空间相连或接近的管道内的单纯性窒息气体、有毒有害气体、易燃易爆气体扩散、泄漏到有限空间内,导致缺氧、中毒、燃爆等风险。对于中毒、缺氧窒息和气体燃爆风险,使用气体检测报警仪进行针对性的检测是最直接、最有效的方法。检测后,各类气体浓度评判标准如下。

①氧气应设定缺氧报警和富氧报警两级报警值,缺氧报警值应设定为19.5%,富氧报警值应设定为23.5%。

②可燃性气体、蒸气报警值为爆炸下限的 10%。

③有毒有害气体、蒸气报警值为《工作场所有害因素职业接触限值 第 1 部分:化学有害因素》(GBZ 2.1—2019)规定的最高容许浓度或短时间接触容许浓度,无最高容许浓度和短时间接触容许浓度的,应选用时间加权平均容许浓度。其中,最为常见的硫化氢报警值为 10 mg/m³[7 ppm(1 ppm = 10^{-6})],一氧化碳报警值为 30 mg/m³(25 ppm)。

有限空间作业常见有毒气体浓度判定标准见表 3.3。

表 3.3 有限空间作业常见有毒气体浓度判定标准

气体名称	评判值		气体名称	评判值	
	mg/m³	20 ℃,ppm		mg/m³	20 ℃,ppm
硫化氢	10	7	二硫化碳	10	3.1
氯化氢	7.5	4.9	苯	6	1.8
氰化氢	1	0.8	甲苯	100	26
磷化氢	0.3	0.2	二甲苯	100	22
溴化氢	10	2.9	乙苯	150	34
一氧化碳	30	25	氨	30	42
氧化氮	10	8	氯	1	0.3
二氧化碳	18 000	9 830	甲醛	0.5	0.4
二氧化氮	10	5.2	乙酸	20	8
二氧化硫	10	3.7	丙酮	450	186

说明:上述标准来自《工贸企业有限空间作业安全 50 问》(2024 年版)。

4. 有限空间其他安全风险辨识方法

在有限空间作业的风险管理中,我们必须坚持两个核心原则:全面性和动态性。全面性原则要求我们细致地识别所有潜在的危险因素,并对它们可能引发的各类风险及其后果进行深入评估和判定。这意味着我们不能遗漏任何可能的风险点,以确保风险识别工作不留死角。动态性原则要求我们在作业的整个过程中,持续地关注和评估可能出现的新风险点,因为在作业进行中,某些风险可能会发生变化,或者新的风险因素可能会被引入。因此,风险管理不是一次性的静态分析,而是一个需要不断更新和调整的动态过程。只有这样,我们才能确保有限空间作业的安全性,有效预防事故的发生。

各类事故应重点考虑的风险点如下:

(1)对淹溺风险,应重点考虑有限空间内是否存在较深的积水,作业期间是否可能遇到强降雨等极端天气导致水位上涨;

(2)对高处坠落风险,应重点考虑有限空间深度是否超过 2 m,是否在其内进行高于基准面 2 m 的作业;

(3)对触电风险,应重点考虑有限空间内使用的电气设备、电源线路是否存在老化破损；

(4) 对物体打击风险，应重点考虑有限空间作业是否需要进行工具、物料传送；

(5) 对机械伤害，应重点考虑有限空间内的机械设备是否可能意外启动或防护措施失效；

(6) 对灼烫风险，应重点考虑有限空间内是否有高温物体或酸碱类化学品、放射性物质等；

(7) 对坍塌风险，应重点考虑处于在建状态的有限空间边坡、护坡、支护设施是否出现松动，或有限空间周边是否有严重影响其结构安全的建(构)筑物等；

(8) 对掩埋风险，应重点考虑有限空间内是否存在谷物、泥沙等可流动固体；

(9) 对高温高湿风险，应重点考虑有限空间内是否温度过高、湿度过大等。

5. 与有限空间作业相关的几个问题

以下问题及答复涉及有限空间风险识别，摘自中华人民共和国应急管理部官网关于有限空间问题的回复，具有典型性和代表性，供读者在生产生活中参考。

(1) 不进入有限空间，是否按照有限空间作业程序管理？

问题：某公司的雨污水井、隔油池、沉淀池均为地下有限空间，已被辨识为有限空间，纳入有限空间管理。目前需要对上述有限空间进行捞污作业，工作内容为清理漂浮垃圾，作业时人员站在池井上方，不进入有限空间内部，请问是否属于有限空间作业？是否需要办理有限空间作业许可证？

回复：因为有限空间内部存在的有毒有害和易燃易爆气体具有扩散性，目前已经发生多起未进入有限空间内部、在有限空间周边作业仍然出现中毒导致人员伤亡的事故。因此，当分析有限空间存在有毒有害和易燃易爆气体时，不论是否进入有限空间，在周边进行作业时，都属于有限空间作业，应执行审批制度，办理审批手续。

解读：《有限空间作业安全技术规范(征求意见稿)》中对有限空间作业的定义是：人员进入或探入有限空间实施的作业活动。这一定义明确指出，即使身体不完全进入有限空间，仅仅是头部探入也可能存在中毒或窒息的风险，也应该按照有限空间作业程序开展工作。如图 3.5 所示，当人员未按照要求打开有限空间出入口时，受溢出的有毒有害气体干扰，人员坠入了容器内，导致人员死亡。

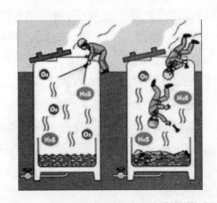

图 3.5 探入有限空间发生安全事故的过程

(2)地下管廊是否属于有限空间?

问题:根据《应急管理部办公厅关于印发〈有限空间作业安全指导手册〉和4个专题系列折页的通知》(应急厅函〔2020〕299号),有限空间是指封闭或部分封闭、进出口受限但人员可以进入,未被设计为固定工作场所,通风不良,易造成有毒有害、易燃易爆物质积聚或氧含量不足的空间。根据定义,地下管廊仅仅满足进出口受限一点,其余均不满足,地下管廊设计为固定工作场所,通风良好,无有害气体积聚,根据管廊实际情况,请明确地下管廊是否属于有限空间?

回复:地下管廊全称为地下城市管道综合走廊,是在城市地下建造一个隧道空间,将电力、通信、燃气、供热、给排水等各种工程管线集于一体,设有专门的检修口、吊装口和监测系统,实施统一规划、统一设计、统一建设和管理,是保障城市运行的重要基础设施。根据应急厅函〔2020〕299号规定,有限空间是指封闭或部分封闭、进出口受限但人员可以进入,未被设计为固定工作场所,通风不良,易造成有毒有害、易燃易爆物质积聚或氧含量不足的空间。地下管廊是否属于有限空间不能一概而论。如果企业可以确认该地下管廊不存在有毒有害、易燃易爆物质积聚或氧含量不足的情况,则可以不纳入有限空间进行管理。

解读:根据中华人民共和国应急管理部官网的回复,针对具体的作业场所(如地下管廊、电梯井、消防水池、空气储罐、上煤系统振动筛下料斗等),如果企业确认在作业过程中,该空间不存在有毒有害、易燃易爆物质积聚或者氧含量不足的情况,则可以不纳入有限空间进行管理。可见,中华人民共和国应急管理部对有限空间管理是按照风险为导向进行管理的。

(3)有限空间是否应设置安全警示标志?

问题:某公司为一家化工企业,受限空间可分为两类,一类是反应釜、储罐等,其人孔需要借助专业工具方可打开,另一类为污水观察井、未封闭水池等,不需要工具即可进入。请问以上识别的受限空间无论是否作业均需要设置警示标志吗?还是仅需要在作业时在作业场所设置警示标志?

回复:2022年10月1日实施的《危险化学品企业特殊作业安全规范》(GB 30871—2022)规定,停止作业期间,应在受限空间入口处增设警示标志,并采取防止人员误入的措施。因此,企业应在非作业时、作业中断期间,在受限空间入口显著位置设置安全警示标志。在受限空间作业期间,在受限空间外应设有专人监护。

解读:《中华人民共和国安全生产法》第三十五条规定,生产经营单位应当在有较大危险因素的生产经营场所和有关设施、设备上,设置明显的安全警示标志。为了防止人员误入有限空间,必须在非作业时段对涉及有限空间的区域设置醒目的安全警示标志。近年来,发生了多起儿童不慎掉进化粪池或下水道的安全事故。如果这些潜在危险区域能够配备明显的警示标志,理论上能够显著降低此类事故的发生概率。因此,加强有限空间的安全管理,设置规范且易于识别的警示标志,是非常有必要的。

6. 气体浓度的几个概念

(1)OELs即"职业接触限值"(occupational exposure limits),是指劳动者在职业活动过程中长期反复接触某种或多种职业性有害因素,对绝大多数接触者的健康不引起不良健康效应的容许接触水平。化学有害因素的职业接触限值分为 PC-TWA、PC-STEL 和 MAC 三类。

①PC-TWA 即"时间加权平均容许浓度"(permissible concentration-time weighted average),是指以时间为权数规定的 8 小时工作日、40 小时工作周的平均容许接触浓度。

②PC-STEL 即"短时间接触容许浓度"(permissible concentration-short term exposure limit),是指在实际测得的 8 小时工作日、40 小时工作周平均接触浓度遵守 PC-TWA 的前提下,容许劳动者短时间(15 min)接触的加权平均浓度。

③MAC 即"最高容许浓度"(maximum allowable concentration),是指在一个工作日内、任何时间、任何工作地点的化学有害因素均不应超过的浓度。

(2)PE 即"峰接触浓度"(peak exposures),是指在最短的可分析的时间段内(不超过 15 min)确定的空气中特定物质的最大或峰值浓度。对于接触具有 PC-TWA 但尚未制定 PC-STEL 的化学有害因素,应使用峰接触浓度控制短时间的接触。在遵守 PC-TWA 的前提下,容许在一个工作日内发生的任何一次短时间(15 min)超出 PC-TWA 水平的最大接触浓度。

(3)IDLH 即"立即威胁生命和健康浓度"(immediately dangerousto life or health concentration),是指在此条件下对生命立即或延迟产生威胁,或能导致永久性健康损害,或影响准入者在无助情况下从密闭空间逃生的浓度。

(4)EL 即"爆炸极限"(explosion limit)。可燃物质(可燃气体、蒸气、粉尘或纤维)与空气(氧气或氧化剂)均匀混合形成爆炸性混合物,其浓度达到一定的范围时,遇到明火或一定的引爆能量立即发生爆炸,这个浓度范围称为爆炸极限或爆炸浓度极限。

(5)LEL 即"爆炸浓度下限"(lower explosion limit)。形成爆炸性混合物的最低浓度称为爆炸浓度下限。

(6)UEL 即"爆炸浓度上限"(upper explosion limit)。形成爆炸性混合物的最高浓度称为爆炸浓度上限。

爆炸浓度的上限、下限之间称为爆炸浓度范围。这一范围会随温度、压力的变化而变化。爆炸浓度范围越大或爆炸下限值越低,这种物质越危险。

7. 气体浓度换算

(1)体积浓度

体积浓度是用每立方米大气中含有某气体的体积数(cm^3/m^3)或(mL/m^3)来表示的,常用的表示方法是 ppm。除了 ppm 外,还有 ppb 和 ppt。

1 ppm = 10^{-6} = 一百万分之一

1 ppb = 10^{-9} = 十亿分之一

1 ppt = 10^{-12} = 万亿分之一

1 ppm = 10^3 ppb = 10^6 ppt

(2)质量-体积浓度

用每立方米大气中某气体的质量数来表示的浓度叫作质量-体积浓度,单位是 mg/m^3 或 g/m^3。而

$$n_1 = \frac{22.4}{M} \times n_2 \times \frac{273+T}{273} \times \frac{101\,325}{p}$$

式中 n_1——测定的气体体积浓度值,ppm;

n_2——所求的气体质量浓度值,mg/m³;

M——气体的相对分子量;

T——温度,K;

p——气体压力,Pa。

8. 几类有毒气体的性质

(1)硫化氢

硫化氢,是一种无机化合物,化学式为 H_2S,分子量为 34.076,标准状况下是一种易燃的酸性气体,无色,低浓度时有臭鸡蛋气味,浓度极低时便有硫黄味,有剧毒。水溶液为氢硫酸,酸性较弱,比碳酸弱,但比硼酸强。其能溶于水,易溶于醇类、石油溶剂和原油。

硫化氢在有机胺中溶解度极大;在苛性碱溶液中也有较大的溶解度;在过量氧气中燃烧生成二氧化硫和水,当氧气供应不足时生成水与游离硫;室温下稳定;可溶于水,水溶液具有弱酸性,与空气接触会因氧化析出硫而慢慢变浑;能在空气中燃烧产生蓝色的火焰并生成二氧化硫和水,在空气不足时则生成硫和水。即使稀的硫化氢也对呼吸道和眼睛有刺激作用,并引起头痛,浓度达 1 mg/L 或更高时,对生命有危险,所以制备和使用硫化氢都应在通风橱中进行。

硫化氢为易燃危化品,与空气混合后能与空气或氧气以适当的比例(4.3%~45.5%)混合就会爆炸。

硫化氢立即威胁生命或健康的浓度为 142 mg/m³(100 ppm),《工作场所有害因素职业接触限值 第 1 部分:化学有害因素》(GBZ 2.1—2019)中规定 MAC 值为 10 mg/m³。不同浓度的硫化氢对人的影响见表 3.4。

表 3.4 不同浓度的硫化氢对人的影响

在空气中的浓度 /[mg/m³(ppm)]	暴露时间	人体反应
1 400(1 000)	立即	昏迷并呼吸麻痹而死亡,除非立即进行人工呼吸急救
1 000(700)	数分钟	很快引起急性中毒,出现明显的全身症状。开始呼吸加快,接着呼吸麻痹。如不及时救治可出现死亡
700(500)	15~60 min	可能引起生命危险。发生肺水肿、支气管炎及肺炎,接触时间更长者可引起头痛、头昏、步态不稳、恶心呕吐、鼻咽喉发干及疼痛、咳嗽、排尿困难、昏迷等。如不及时救治可出现死亡
300~450 (200~300)	1 h	可引起严重反应。眼和呼吸道黏膜强烈刺激症状,并引起神经系统抑制,6~8 min 即出现急性眼刺激症状。长期接触可引起肺水肿

表 3.4(续)

在空气中浓度 /[mg/m³(ppm)]	暴露时间	人体反应
70~150 (50~100)	1~2 h	出现眼及呼吸道刺激症状。吸入2~15 min即发生嗅觉疲劳,长期接触可引起亚急性或慢性结膜炎
30~40 (20~30)	—	虽臭味强烈,仍能耐受。这可能是引起局部刺激及全身性症状的阈浓度。部分人出现眼部刺激症状,轻微的结膜炎
4~7(2.8~5)	—	中等强度难闻臭味
0.18(0.13)	—	可感觉到的臭味
0.011(0.008)	—	嗅阈

(2)一氧化碳

一氧化碳是一种无色无味、无刺激性的气体,密度与空气相当、几乎不溶于水,可溶于氨水。一氧化碳对人类血红蛋白的亲和力是氧的240倍,而碳氧血红蛋白的解离率是氧合血红蛋白的3 500倍。因此,一氧化碳被吸入体内后,迅速与血红蛋白结合形成碳氧血红蛋白,即一氧化碳取代血液中的氧气。此外,血液中大量的碳氧血红蛋白会影响氧血红蛋白的解离,使其难以解离。通过这种方式,一氧化碳破坏了血液的氧气供应,使组织气体缺氧,导致窒息,并出现多种中毒症状。一氧化碳爆炸极限的浓度范围为12.5%~74.2%,遇热、明火易燃烧爆炸。一氧化碳 PC-TWA 为 20 mg/m³,PC-STEL 为 30 mg/m³,IDLH 为 1 700 mg/m³。

一氧化碳浓度与人体危害见表3.5。

表 3.5 一氧化碳浓度与人体危害

浓度/ppm	症状	停留时间
50	轻度头痛、疲劳	8 h
200	轻度头痛、不适	3 h
600	头痛、不适	1 h
1 000~2 000	轻度心悸	30 min
	站立不稳、蹒跚	1.5 h
	混乱、恶心、头痛	2 h
2 000~5 000	昏迷、失去知觉	30 min

(3)苯和苯系物

苯、甲苯和二甲苯都是具有特殊芳香气味的无色透明油状液体、易挥发的有机溶剂,不溶于水,溶于醇、醚、丙酮等多数有机溶剂。它们具有易燃性,闪点-11 ℃,爆炸极限的浓度范围为1.2%~8.0%。苯及其衍生物的蒸气与空气混合后,可能形成爆炸性混合物,遇明火、高热极易燃烧爆炸,与氧化剂能发生强烈反应,易产生和聚集静电。其蒸气比空气密度大,在较低处能扩散至很远,遇明火会引起回燃。

苯、甲苯和二甲苯通常作为油漆、黏结剂的稀释剂,在有限空间内进行涂装、除锈和防腐等作业时,易挥发和积聚该类物质。

《职业性接触毒物危害程度分级》(GBZ 230—2010)中苯被列入Ⅰ级危害(极度危害)。其 PC-TWA 为 6 mg/m^3,PC-STEL 为 10 mg/m^3,IDLH 为 9 800 mg/m^3。

苯可引起各类型白血病,国际癌症研究中心已确认苯为人类致癌物。甲苯、二甲苯蒸气也均具有一定毒性,对黏膜有刺激性,对中枢神经系统有麻痹作用。短时间内吸入较高浓度的苯、甲苯和二甲苯,人体会出现头晕、头痛、恶心、呕吐、胸闷、四肢无力、步态蹒跚和意识模糊等症状,严重者出现烦躁、抽搐、昏迷等症状。

(4)氰化氢

氰化氢在常温下是一种无色、有苦杏仁味的液体,易在空气中挥发、弥散(沸点为 25.6 ℃),有剧毒且具有爆炸性。氰化氢轻度中毒主要表现为胸闷、心悸、心率加快、头痛、恶心、呕吐、视物模糊;重度中毒主要表现为深昏迷状态,呼吸浅快,阵发性抽搐,甚至强直性痉挛。

酱腌菜池中可能产生氰化氢。

(5)磷化氢

磷化氢是一种有类似大蒜气味的无色气体,有剧毒且极易燃。磷化氢主要损害人体神经系统、呼吸系统及心脏、肾脏、肝脏。浓度为 10 mg/m^3 的磷化氢接触 6 h,人体就会出现中毒症状。

在微生物作用下,污水池等有限空间可能产生磷化氢。此外,磷化氢还常作为熏蒸剂用于粮食存储,以及饲料和烟草的储藏等。

9. 几类引起缺氧窒息的气体

(1)氧气

在有限空间内,通风不良、生物呼吸作用或物质氧化作用,使有限空间形成缺氧状态。当空气中氧浓度低于 19.5% 时就会有缺氧危险,导致窒息事故。导致缺氧的原因如下:

①有限空间内长期通风不良,氧含量偏低;

②有限空间内存在的物质发生耗氧性化学反应,如燃烧生物的有氧呼吸等;

③作业过程中引入单纯性窒息气体挤占氧气空间,如使用氮气、氩气、水蒸气进行清洗;

④某些相连或接近的设备或管道的渗漏或扩散,如天然气泄漏;

⑤较高的氧气消耗速度,如过多人员同时在有限空间内作业。

氧气是人体赖以生存的重要物质基础,缺氧会对人体多个系统及脏器造成影响。氧气含量不同,对人体的危害也不同。

不同浓度的氧气对人体的影响见表 3.6。

表 3.6　不同浓度的氧气对人体的影响

氧气含量 （体积百分比浓度）	对人体的影响
19.5%	最低允许值
15%~19.5%	体力下降,难以从事重体力劳动,动作协调性降低,容易引发冠心病、肺病等
12%~14%	呼吸加重,频率加快,脉搏加快,动作协调性进一步降低,判断能力下降
10%~12%	呼吸加深加快,几乎丧失判断能力,嘴唇发紫
8%~10%	精神失常,昏迷,失去知觉,呕吐,脸色死灰
6%~8%	4~5 min 通过治疗可恢复,6 min 后 50%致命,8 min 后 100%致命
4%~6%	40 s 后昏迷,痉挛,呼吸减缓,死亡

(2)二氧化碳

二氧化碳又名"碳酸气""碳酸酐",为无色气体,比空气密度大,溶于水、烃类等多数有机溶剂。水溶剂呈酸性,能被碱性溶液吸收而生成碳酸盐。二氧化碳加压成液态储存在钢瓶内,放出时二氧化碳可凝结成雪花固体,称为干冰。若遇高热,容器内压增大有开裂和爆炸的危险。产生二氧化碳聚集的场所及原因有：

①长期不开放的各种矿井、油井、船舱底部及下水道；

②利用植物发酵制糖、酿酒,用玉米制酒精、丙酮以及制造酵母等生产过程,若发酵桶、池的车间是密闭的或隔离的,有较高浓度的二氧化碳产生；

③在不通风的地窖和密闭仓库中储存蔬菜、水果和谷物等可产生高浓度的二氧化碳；

④在有限空间作业的人数、时间超限,可造成二氧化碳积蓄；

⑤化学工业中在反应釜内以二氧化碳作为原料制造碳酸钠、碳酸氢钠、尿素、碳酸氢铵等多种化工产品；

⑥轻工生产中制造汽水、啤酒等饮料充以二氧化碳等过程均可生成多量二氧化碳。

(3)甲烷

甲烷为无色、无味的气体,比空气密度小,溶于乙醇、乙醚,微溶于水。甲烷是油田气、天然气和沼气的主要成分,在极高浓度时成为单纯性窒息剂。甲烷易燃,爆炸极限为 5%~15%,与空气混合能形成爆炸性混合物,遇热源和明火有燃烧爆炸的危险,从而造成人员伤亡。

有限空间内有机物分解及天然气管道泄漏产生甲烷。

甲烷对人基本无毒,麻痹作用极弱,但极高浓度时排挤空气中的氧,使空气中氧含量降低,引起单纯性窒息。当空气中甲烷达 25%~30%的体积比时,人出现头晕、呼吸加速、心率加快、注意力不集中、乏力和行为失调等症状。若不及时脱离接触,可致窒息死亡。甲烷燃烧产物为一氧化碳、二氧化碳,可引起缺氧或中毒。

(4)氮气

氮气为无色、无味气体,微溶于水、乙醇,用于合成氨、制硝酸、物质保护剂、冷冻剂等。氮气本身不燃烧。

由于氮的化学惰性,它通常被用作保护气,以防止某些物体暴露于空气时被氧所氧化,或用作工业上的清洗剂,洗涤储罐、反应釜中的危险、有毒物质。

吸入的氮气浓度不太高时,人最初感觉胸闷、气短、疲软无力,继而有烦躁不安、极度兴奋、乱跑、叫喊、神情恍惚、步态不稳等症状,这种现象称为"氮酪酊",可使人进入昏睡或昏迷状态。

空气中氮气含量过高,氧气浓度下降,容易使人缺氧窒息。吸入高浓度氮气,人可迅速昏迷、因呼吸和心跳停止而死亡。

(5)氩气

氩气是一种无色、无味的惰性气体,比空气密度大。它的性质十分不活泼,既不能燃烧,也不助燃。

10. 引起燃爆的气体及物质

在有限空间中,易燃易爆物质与空气混合后,可能迅速达到爆炸极限,一旦遇到点火源,便会导致爆炸性燃烧,引发爆炸或火灾,对空间内作业人员及周围人员造成严重伤害。

常见的易爆物质包括:各类易燃气体,如甲烷、天然气、氢气,以及挥发性有机化合物和它们的蒸气;各类可燃性粉尘,如炭粒、粮食粉末、纤维、塑料碎片,以及其他经过研磨处理的可燃粉尘。常见易爆气体爆炸范围见表3.7。

表3.7 常见易爆气体爆炸范围

气体名称	爆炸范围(容积百分比)
硫化氢	4.3%~45.5%
一氧化碳	12.5%~74.2%
氰化氢	5.6%~12.8%
溶剂汽油	1.4%~7.6%
甲烷	5.0%~15.0%
苯	1.2%~8.0%

爆炸的触发因素多样,包括明火、化学反应产生的热量、热辐射、高温表面、撞击或摩擦产生的火花、绝热压缩形成的高温点、电气火花、静电放电火花、雷电作用,以及直接或聚焦的日光照射等。

燃烧或爆炸事故的成因主要归结于以下几点:

(1)有限空间中易燃气体或液体的泄漏和挥发;
(2)有机物分解,如生活垃圾、动植物铁细菌(FB)分解等产生甲烷;
(3)作业过程中引入的,如乙炔气焊产生的一氧化碳;
(4)空气中氧气含量超过23.5%时,形成了富氧环境。

11. 案例:井盖炸飞,童趣变惨剧

2023年2月1日,河南某地,3名年仅7岁的儿童在下水道玩鞭炮,不料一声震天巨响自井盖下传来,伴随着井盖碎片的四散飞溅,其中1名儿童不幸当场遇难,其余2名儿童被送往附近医院,紧急救治。

据现场目击者描述,事故发生时,1名儿童将点燃的鞭炮塞入下水道中,意外引燃了管道内积聚的沼气,导致了这起悲剧的发生(图3.6)。

图3.6 儿童玩鞭炮引发的下水道沼气爆炸事故

结论:将鞭炮扔进下水道导致爆炸的安全事故时常发生,家长和学校应当加强对儿童的看护和教育,社会各界应共同努力,提升公众对沼气和其他易燃气体危险性的认识,避免类似悲剧的再次发生。

第4章 有限空间作业流程

有限空间作业流程主要涵盖四个核心环节:作业审批、作业准备、安全作业以及作业后管理。这一流程旨在确保有限空间作业的安全性和规范性,从作业前的准备工作到作业过程中的安全措施,再到作业后的检查与总结,每个环节都至关重要,它们共同构筑起一道坚实的安全防线。

4.1 作 业 审 批

1. 制定作业方案

根据对近年来在全国有限空间作业中发生的硫化氢中毒事故的分析,大多数事故为作业单位与相关人员盲目和随意安排该作业项目,没有任何报告和审批手续,且没有采取任何安全防护措施,对有限空间作业现场的危险性缺乏辨识和认知,更没有当作危险作业项目来抓,麻痹大意、缺乏警惕。因此,为避免有限空间作业中发生安全事故,作业前必须履行审批手续,执行有限空间作业许可制度,有效预防有限空间作业项目安排的随意性和盲目性,杜绝私自进入有限空间作业。

作业前应对作业环境进行安全风险辨识,分析存在的危险有害因素,提出消除、控制危害的措施,编制详细的作业方案。作业方案是安全作业、保证人身安全的实施性文件。作业方案应经本单位相关人员审核和批准。

作业方案的编写应符合下列要求:

(1)作业方案应精准反映有限空间作业流程;
(2)应明确安全管理责任及有关的防范措施,并订立相应应急预案;
(3)以风险评估为基础,明确各环节的安全风险及其掌控措施;
(4)作业方案应具备可操作性和可传达性,确保现场从业人员可以依照其要求进行操作,管理人员可以清楚地理解和把握其内容,杜绝安全事故的发生。

2. 明确人员职责

对现场施工人员在安全生产方面应做的事情和应负的责任加以明确,可以强化各方的安全意识,促进各方的合作与协调,从而达到预防事故、保障安全、提高效益的目的。

根据有限空间作业方案,确定作业现场负责人、监护人员、作业人员,并明确其安全职责。根据工作实际,现场负责人和监护人员可以为同一人。作业现场负责人、监护人员、作业人员主要安全职责见表4.1。

表 4.1　作业现场负责人、监护人员、作业人员主要安全职责

人员类别	主要安全职责
作业现场负责人	1. 对有限空间作业安全负全面责任。 2. 填写有限空间作业审批材料,办理作业审批手续。 3. 对全体人员进行安全交底。 4. 确认作业人员和监护人员上岗资格、身体状况符合要求。 5. 掌握作业现场情况,作业环境和安全防护措施符合要求后许可作业,当有限空间作业条件发生变化且不符合安全要求时,终止作业。 6. 发生有限空间作业事故,及时报告,并按要求组织现场处置
监护人员	1. 接受安全培训,持证上岗。 2. 接受安全交底。 3. 检查安全措施的落实情况,发现落实不到位或措施不完善时,有权下达暂停或终止作业的指令。 4. 对有限空间作业人员的安全负有监督和保护的职责。了解可能面临的危害,对作业人员出现的异常行为能够及时警觉并做出判断。持续对有限空间作业进行监护,确保和作业人员进行有效的信息沟通。 5. 出现异常情况时,立即向作业人员发出撤离警告,并协助人员撤离有限空间,同时立即呼叫紧急救援。 6. 警告并劝离未经许可试图进入有限空间作业区域的人员。 7. 掌握应急救援的基本知识
作业人员	1. 接受安全培训,持证上岗。 2. 接受安全交底。作业前应了解作业的内容、地点、时间、要求,熟知作业中的危害因素和应采取的安全措施。 3. 遵守安全操作规程,正确使用有限空间作业安全防护设备与个体防护用品。 4. 服从作业现场负责人安全管理,接受现场安全监督,配合监护人员的指令,作业过程中与监护人员定期进行沟通。 5. 出现异常时或者发现作业监护人员不履行职责时,应停止作业并撤出有限空间

3. 作业审批制度

作业审批的目的在于,通过逐级审批,实现层层把关和层层责任,确保作业方案中的每个环节都符合标准和要求,从而防止出现安全风险,杜绝事故的发生。

应严格执行有限空间作业审批制度,施工单位作业现场负责人填写有限空间作业审批表和有限空间作业票,审批表格式及内容见表 4.2,下井有限空间作业票见表 4.3。

表4.2 有限空间作业审批表

申请表编号			有限空间名称		
总承包单位			作业单位		
作业内容			作业时间		
可能存在危险有害因素					
现场负责人			监护人		
作业人员			其他人员		
主要安全防护措施	1. 制定符合要求的有限空间作业方案。 2. 参加作业人员经有限空间作业安全相关培训合格。 3. 安全防护设备、个体防护用品、作业设备和工具齐全有效,满足要求。 4. 应急救援装备满足要求。 5. 开展作业前安全交底。 7. 开展作业前和作业过程中的有毒有害物质等危险因素检测监测。 8. 确保检测监测设备、设施准确可靠。 9. 确保氧浓度、易燃易爆物质浓度、有毒有害气体浓度等检测结果合格。 10. 开展作业前和作业过程中的持续通风				
项目经理审核意见			签字	年 月 日	
监理单位审批负责人意见			签字	年 月 日	
建设单位审批负责人意见			签字	年 月 日	

表4.3 下井有限空间作业票

单位＿＿＿＿＿＿＿＿＿＿＿＿＿

作业单位		作业票填报人		填报日期	
作业人员				监护人员	
作业地点				井号	
作业时间		作业任务			
管径		水深		潮汐影响	
工厂污水排放情况					
防护措施					
项目负责人意见 （签字）			安全员意见 （签字）		
作业人员身体情况					
附注					

审批表报项目经理审核后,报建设单位、监理单位审批。未经批准,任何人不得进入有限空间作业。审批内容应包括但不限于是否制定作业方案、是否配备经过专项安全培训的人员、是否配备满足作业安全需要的设备和设施等。

未经审批不得擅自开展有限空间作业。施工单位必须严格执行作业方案,不得擅自修改经过审批的作业方案。如因风险源等因素发生变化,确需修订的,应重新履行审核、审批程序。

4.2 作业准备

作业准备工作是为了保证作业顺利开展和作业活动正常进行所必须事先做好的各项准备工作。它是安全作业的重要组成部分,是作业程序中的重要一环。做好作业准备工作是全面完成作业任务的必要条件,是降低作业风险的有力保障。作业中可能遇到的风险较多,只有做好充分的施工准备,做好防范措施,加强应对突发事件的能力,才能有效降低风险损失。

1. 作业前安全交底

安全交底(图4.1)是施工前现场负责人将预防和控制安全事故发生及减少其危害的安全技术措施、安全操作规程及注意事项向监护人员与作业人员做出说明的活动。作业现场负责人应对实施作业的全体人员进行安全交底,告知作业内容、作业过程中可能存在的安全风险、作业安全要求和应急处置措施等。安全交底是针对作业现场实际的作业部位和具体的作业内容而对一线从业人员进行的安全防范意识与安全技能的"再培训"。

图4.1 有限空间作业安全交底

有限空间作业安全交底的内容包括以下几方面:
(1)有限空间的内部结构;
(2)可能存在的介质和危害;
(3)所用检测仪器的使用方法;
(4)存在的作业风险及预防措施;

(5)发生事故后应及时采取的避险和急救措施。

为了保证安全交底质量,安全交底的要求包括以下几方面。

(1)交底内容必须全面、具体、明确、有针对性。交底的内容应针对施工中给作业人员带来的潜在危险因素和存在问题。

(2)根据作业方案做有针对性的安全交底,不能以交底代替方案或以方案代替交底。

(3)安全交底应进行书面交底,并辅以口头讲解,交底内容记录在《安全交底记录》中。

(4)安全交底应实施签字制度。安全交底工作完毕后,由交底人、被交底人进行签字确认。交底字迹要清晰,必须本人签字,不得代签。

2. 作业前设备检查

作业前应对安全防护设备、个体防护用品、应急救援装备、作业设备和用具的齐备性与安全性进行检查,发现问题应立即修复或更换。当有限空间可能为易燃易爆环境时,设备和用具应符合防爆安全要求。应急救援设备、设施应根据同时开展有限空间作业点的数量进行配置,仅有1个作业点的,应在该作业点配置1套;有多个作业点的,应在作业点400 m范围内配置1套。

3. 封闭作业区域及安全警示

在封闭作业的过程中,工人们可以更加集中精力完成任务,不受外界干扰。同时,施工现场被封闭起来,也可以避免外部人员进入施工现场造成安全隐患,保障工人的人身安全。封闭作业区域也减少了作业对周围行人人身安全的影响。

安全警示标志牌一方面提示、警告施工现场的作业人员提高警惕,注意身边隐藏的危险,远离危险,操作的时候小心谨慎,提高注意力,加强自我保护,避免事故的发生;另一方面用于提醒路过的人该处有施工现场,请远离危险,加强注意力,避免安全事故的发生以及不能给作业人员带来影响,危及作业人员的安全。

应在作业现场设置围挡(图4.2),封闭作业区域,并在进出口周边显著位置设置安全警示标志(图4.3)、安全告知牌(图4.4)和信息公示牌(图4.5)。

图4.2 作业现场围挡

图4.3 安全警示标志

图4.4　安全告知牌　　　　　　图4.5　信息公示牌

安全告知牌的作用主要包括两个方面：一方面是引起作业相关人员注意和重视；另一方面是为了警告周围无关人员远离作业区域。安全告知牌的内容主要包括警示标志、作业现场危险性、安全操作注意事项、主要危险有害因素浓度要求、应急电话等。安全告知牌范例如图4.4所示，此范例仅供参考，各单位可结合有限空间作业场所实际情况和相关规范的有关要求自行设置警示内容。

信息公示牌应至少包括作业单位名称、主要负责人姓名及联系方式、现场负责人姓名及联系方式和作业内容等。

占道作业的，应提前办理临时占用道路审批手续，应在作业区域周边设置交通安全设施（图4.6）。夜间作业的，作业区域周边显著位置应设置警示灯，人员应穿着高可视警示服（图4.7）。

图4.6　交通安全设施　　　　　　图4.7　高可视警示服

4. 打开进出口进行自然通风

作业前，作业人员应站在有限空间外上风侧开启作业井盖和其上下游井盖进行自然通风（图4.8、图4.9），且通风时间不小于30 min。

图 4.8　打开进出口　　　　图 4.9　自然通风

开闭井盖要采用具有一定刚性的专用工具。由于井盖型号、材料、质量不一,如需两人启闭时,要用力一致,轻开轻放,防止受伤。井盖放置稳固,严禁用手操作。

可能存在爆炸危险的,开启井盖时应采取防爆措施;若受进出口周边区域限制,作业人员开启井盖时可能接触有限空间内涌出的有毒有害气体的,应佩戴相应的呼吸防护用品。由于压力井盖长年暴露在外或长期封闭地下,风吹日晒、潮湿,容易锈蚀,正常开启比较困难,又因井内气体情况不便检测,无法确认其是否有易燃易爆气体存在,因而无法保证安全作业环境,如贸然动用电气焊等明火作业容易发生爆炸事故,造成人员伤害,因此,开启压力井盖时应采取防爆措施。

通风是有限空间作业采取安全措施的必要手段,如地下管线作业,由于作业前的检查井、闸井、集水池等设施长期处于封闭状态,其内部聚集大量的污泥、污水,并伴有一定浓度的有毒气体或缺少氧气,作业前如不采取通风措施,盲目下井作业,容易造成作业人员中毒窒息事故,因此凡是确定有限空间作业项目,作业前应采取自然通风或必要的机械强制通风,有效降低有限空间内的有毒气体浓度和提高氧气含量,以达到有限空间气体安全规定的标准,从而为作业人员创造一个安全、良好的作业环境。

5. 安全隔离

部分有限空间与外界系统有管道连接,外界的有毒有害物质随时可以通过管道进入作业区域,威胁作业者的生命安全。

安全隔离是通过封闭、切断等措施,完全阻止有毒有害物质和能源(水、电、气、热、机械)进入或在有限空间中意外释放,将作业环境从整个有毒有害危险场所的环境中分隔出来,然后在有限空间的范围内采取安全防护措施,确保作业安全。

有限空间进行隔离的具体做法:

(1)封闭管路阀门,错开连接着的法兰,加装盲板,以截断危害性气体或蒸气可能进入作业区域的通路;

(2)采取封堵、截流等有效措施,防止泥沙、水等流动的物质涌入有限空间;

(3)切断与有限空间作业无关或可能造成人员伤害的电源;

(4)将有限空间与一切必要的热源隔离;

(5)隔离设施上加装必要的"正在工作请勿开启"等警示标识,或者设专人看管,防止无关人员意外开启,造成隔离失效。

管道进行检查、维修时,需要用橡胶充气管塞(图4.10)进行封堵作业时,要采取以下措施。

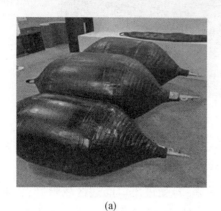
(a)

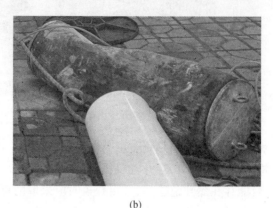
(b)

图4.10 高压封堵气囊

(1)放置气堵时,井下作业人员要穿戴好防护装具,佩戴安全带,系好安全绳,井上要设置2~3名监护人员。

(2)堵水作业前,要对管道进行清理清洗,要求管道内部无砖块、石屑、钢筋、钢丝、玻璃屑等尖锐杂物,保证管壁光洁,需清理的管道长度要为橡胶管塞长度的1.5倍。

(3)橡胶充气管塞使用前,要按相应尺寸规定的工作压力进行充气试压试验,要求充气后其直径不得超过管塞规格的最大直径,且48 h不漏气;确保橡胶充气管塞表面伸缩均匀,无明显伤损痕迹。

(4)橡胶管塞距管口一端的位置,一般距管口边缘20~30 cm;使用钢丝绳或足够拉力的绳索栓系橡胶管塞做牵引,绳索的另一端与地面上的物体连接固定或采取支撑措施。

(5)橡胶充气管塞充气时,必须注意观察压力读数,要使其压力保持在相应工作压力范围内;密切注意固定绳索变化以及水位状况,固定绳索不得移滑,上下游水位差不要超过4.5 m。

(6)橡胶充气管塞堵塞完毕后,置塞井井上必须设专人值班,密切注意橡胶充气管塞受压压力变化以及水位变化,压力低于限值时,必须及时充气至规定范围;水位高于限值时,则应及时排水或采取其他措施降低水位。

(7)取出橡胶充气管塞前,应加装阻挡装置,以防管塞冲没,同时必须保证井管内确无滞留人员,方可对橡胶充气管塞进行放气,此过程中,仍需注意固定绳索的变化,条件允许时,要采取橡胶充气管塞下游增高水位法,降低其前后水位落差,减轻压力。

(8)橡胶充气管塞不耐酸、碱、油,其保管和使用均要减少或避免与上述物质接触;橡胶充气管塞使用完毕,要晾干后使用滑石粉涂抹管体,并置于干燥处保存。

(9)使用橡胶充气管塞时,必须指定专人负责安全工作。

6. 清除置换

当有限空间内残留有挥发有毒有害、易燃易爆的物质时,需要使用水、水蒸气、惰性气体或新鲜空气进行蒸煮、清洗、置换或吹扫。当使用前三类介质置换后,应进行充分通风,防止有限空间内缺氧。

清除置换的具体方式:

(1)打开罐釜的人孔,自然排空残存的有毒有害气体。

(2)使用真空泵和软管将污泥与积水排走。

(3)使用机械通风设备置换有毒有害物质。

(4)在有限空间外使用气压清洗。

(5)倾斜存储罐或开启排放口将残留的液体、固体排走。

(6)有限空间内存有积水,作业前应先使用抽水机抽干(图4.11),抽水时必须使用绝缘性能良好的水泵。排气管放在有限空间下风处,不得靠近有限空间出入口。

图4.11 抽水

(7)燃油动力设备应放置在有限空间外,防止有限空间内一氧化碳等有毒有害气体积聚。

7. 初始气体检测

气体检测是有限空间作业重要的安全措施,是对作业现场进行危险情况及程度确定的最有效的方法。作业前通过气体检测,可随时了解和掌握有限空间气体情况并及时采取有效的防护措施,杜绝操作人员盲目进入有限空间作业而造成中毒事故的发生。因此,正确配备和使用气体检测设备,正确掌握气体检测的方法,落实检测人员的责任尤为重要。

作业前应在有限空间外上风侧,使用泵吸式气体检测报警仪对有限空间内气体进行检测(图4.12)。有限空间内仍存在未清除的积水、积泥或物料残渣时,应先在有限空间外利用工具进行充分搅动,使有毒有害气体充分释放,保证测定区域气体实际浓度。这是因为有限空间内气体检测在泥水静止和经搅动后检测的结果截然不同,有时差别很大,因作业人员下到井内工作时,势必造成有限空间内泥水不断搅动,有毒气体很容易挥发出来,可视为工作人员实际所处的工作环境。因而,作业前所采用的该检测方法是为了使有限空间内有毒气体通过人员用木棍不断地搅动使气体充分释放出来,以测定井内实际浓度,从而使作业人员采取有效防护措施。

(a) （b）

图 4.12　使用泵吸式气体检测报警仪进行检测

检测应从出入口开始,沿人员进入有限空间的方向进行。垂直方向的检测由上至下,至少进行上、中、下三点检测,上、下检测点距离有限空间顶部和底部均不应超过 1 m,中间检测点均匀分布,检测点之间的距离不应超过 8 m(图 4.13);水平方向的检测由近至远,设置检测点数量不应少于 2 个,近端点距离有限空间出入口不应小于 0.5 m,远端点距离有限空间出入口不应小于 2 m。

图 4.13　垂直方向气体检测

气体密度差异导致其在井筒中的分布存在层次性,其中密度大于空气的气体,如二氧化碳和硫化氢,会沉降至井底,而密度小于空气的气体,如甲烷,则会上浮至井口。为确保检测结果的准确性和代表性,必须在不同深度进行上、中、下三点的气体检测。这样的多点检测策略能够全面捕捉井内气体的分布特征,从而为安全监测和气体控制提供可靠的数据支持。

每个检测点的检测时间,应大于仪器响应时间,并增加采样管的通气时间。检测过程中,气体检测报警仪出现异常时,应立即将气体检测报警仪脱离检测环境,在洁净空气中待气体检测报警仪恢复正常后,方可进行下一次检测。

目前,进行井下作业时所使用的气体检测仪器,主要是复合式(四合一)仪器,它能够同时检测硫化氢、一氧化碳、氧气以及可燃性气体。这些仪器的正确操作和正常运行对于及时并准确地获取检测数据至关重要。这些数据能够帮助作业单位采取适当的防护措施,对保障井下作业人员的安全发挥着关键作用。因此,在选择气体检测仪器时,我们必须遵循相关法规和标准所规定的技术参数要求。在仪器使用过程中,为确保其检测结果的准确性和可靠性,我们还需定期对这些设备进行检定和校准。

检测人员应当记录检测的时间、地点、气体种类、浓度等信息,并在有限空间气体检测记录表(表4.4)上签字。有限空间内气体浓度检测合格后方可作业。

表4.4 有限空间气体检测记录表

	检测位置	检测时间	检测内容及数值					判定
			氧气/%	可燃气体/%LEL	硫化氢/$[ppm/(mg \cdot m^{-3})]$	一氧化碳/$[ppm/(mg \cdot m^{-3})]$	其他气体/$[ppm/(mg \cdot m^{-3})]$	合格/不合格
初始评估检测								
再次评估检测								
监护检测								

检测人员签字:　　　　　年　月　日

8.强制通风

有限空间作业应当严格遵守"先通风、再检测、后作业"的原则。通风是最普遍、最有效的消除或降低有限空间内有毒有害气体浓度、可燃气体浓度、提高氧含量,保障作业安全的措施。其中,尤以机械通风(图4.14)效果更好。

图 4.14　施工现场机械通风

经过自然通风后,通过气体检测,有限空间内气体浓度仍不合格的,必须对有限空间进行强制通风。强制通风时应注意如下问题:

(1)作业环境存在爆炸危险的,应使用防爆型通风设备。

(2)管道内机械通风的平均风速不应低于 0.8 m/s。

(3)应向有限空间内输送清洁空气,禁止使用纯氧通风。

(4)有限空间仅有 1 个进出口时,应将通风设备出风口置于作业区域底部进行送风。有限空间有 2 个或 2 个以上进出口、通风口时,应在临近作业人员处进行送风,远离作业人员处进行排风,且出风口应远离有限空间进出口,防止有害气体循环进入有限空间。

(5)有限空间设置固定机械通风系统的,作业过程中应全程运行。

(6)风机应避免放置在启动中的机动车排气管附近、发电机旁等可能释放出有毒有害气体的地方。使用送风设备,风机应当尽量放在有限空间的上风向;使用排风设备,风机应放置在有限空间的下风向。

9. 通风的注意事项

(1)有限空间内通风应尽量避免短路、回路。

回路和短路通风形式(错误做法)如图 4.15 所示。

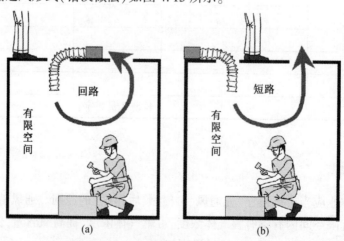

图 4.15　回路和短路通风形式(错误做法)

(2)有限空间通风应尽量将风管引至工人工作地点附近,或使用较强气流将空气送达工人作业处。

新鲜空气送至作业点附近(正确做法)如图4.16所示。

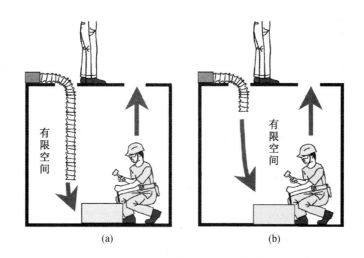

图4.16　新鲜空气送至作业点附近(正确做法)

(3)当确认有害物发生源仅局限于一点时,可用抽气方式将有害物排除,同时引入新鲜空气。

抽排结合的通风方式(正确做法)如图4.17所示。

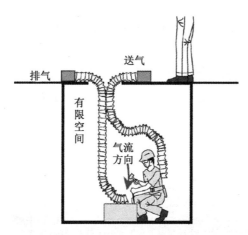

图4.17　抽排结合的通风方式(正确做法)

(4)排除有限空间中危害气体时,可视气体密度而采用不同的换气方式。较轻的污染物,如甲烷、氨气,在井口进行排气;较重的污染物,如硫化氢、二氧化碳在井底进行抽排。

不同密度气体的换气方式(正确做法)如图4.18所示。

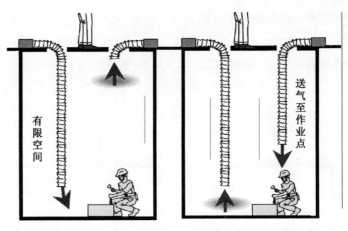

图 4.18 不同密度气体的换气方式(正确做法)

10. 再次检测

对有限空间进行强制通风一段时间后,应再次进行气体检测。检测结果合格后方可作业;检测结果不合格的,不得进入有限空间作业,必须继续进行通风,并分析可能造成气体浓度不合格的原因,采取更具针对性的防控措施。

造成气体浓度不合格的可能原因如下:

(1)通风时间不足;

(2)通风设备的规格不符合要求;

(3)通风管破损(图 4.19)或通风管与风机连接不规范;

图 4.19 通风管破损

(4)有限空间内残留超标准的易挥发的有毒有害、易燃易爆的物质;

(5)气体检测仪器设置错误或故障;

(6)其他原因。

11. 人员防护

为预防有限空间内作业人员发生中毒和窒息事故,最安全有效的方法就是作业人员佩戴好呼吸防护用品,系好安全带、安全绳,使作业人员呼吸的气体完全与有限空间内各种气体隔离,所呼吸的气体完全是地面上空气压缩机、送风机以及压缩空气瓶供给的新鲜空气。

气体检测结果合格后,作业人员在进入有限空间前还应根据作业环境选择并佩戴符合要求的个体防护用品与安全防护设备,主要有安全帽、全身式安全带、安全绳、呼吸防护用品、扩散式气体检测报警仪、照明灯和对讲机等,如图4.20所示。

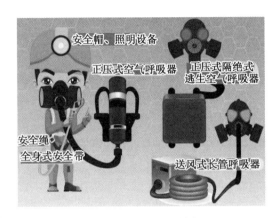

图4.20　个体防护装备

4.3　安　全　作　业

1.注意事项

在确认作业环境、作业程序、安全防护设备和个体防护用品等符合要求后,作业现场负责人方可许可作业人员进入有限空间作业。作业过程按照《缺氧危险作业安全规程》(GB 8958—2006)、《密闭空间作业职业危害防护规范》(GB/ZT 205—2007)、《城镇排水管道维护安全技术规程》(CJJ 6—2009)执行。

(1)作业人员使用踏步、安全梯(图4.21)进入有限空间,作业前应检查其牢固性和安全性,确保进出安全。

(2)作业人员应严格执行作业方案,正确使用安全防护设备和个体防护用品,作业过程中与监护人员保持有效的信息沟通。

(3)传递物料时应稳妥、可靠,防止滑脱;起吊物料所用绳索、吊桶等必须牢固、可靠,避免吊物时突然损坏、物料掉落。

图 4.21 安全梯

(4)应通过轮换作业等方式合理安排工作时间,避免人员长时间在有限空间内工作。

(5)照明安全。常见的照明工具有防爆型头灯、工作灯和应急灯。有限空间作业环境存在爆炸危险的,电气设备、照明用具应满足防爆要求。有限空间内使用照明灯具电压应不大于 24 V,在积水、结露等潮湿环境的有限空间和金属容器中作业,照明灯具电压应不大于 12 V。

(6)禁止作业人员在有毒、窒息环境中摘下防毒面具。

2. 实时监测与持续通风

作业过程中,应采取适当的方式对有限空间作业面进行实时监测。由于有限空间内液体流动没有规律且气体比较复杂,当作业人员工作时造成有限空间内液体搅动,或者安全隔离失败,有毒气体可随时发生变化并释放,因此进行全过程气体检测可保证作业人员和监护人员及时掌握有限空间内气体情况,一旦发生变化可及时采取防护措施,保证作业人员安全。

监测方式有两种:一种是监护人员在有限空间外使用泵吸式气体检测报警仪对作业面进行监护检测;另一种是作业人员自行佩戴扩散式气体检测报警仪(图 4.22)对作业面进行个体检测。

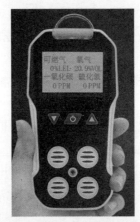

图 4.22 扩散式气体检测报警仪

除实时监测外,作业过程中还应持续通风(图4.23)。当有限空间内进行涂装作业、防水作业、防腐作业以及焊接等动火作业的场所和有毒有害、易燃易爆气体浓度变化较大的作业场所,应持续进行机械通风。

图 4.23　作业过程中持续通风

3. 作业监护

有限空间作业必须设有监护人员,并且不得少于2人,这是因为监护人员在地面既要随时观察有限空间内作业人员情况,又要随时观察有限空间外设备运转情况,还要掌握好供气管、安全绳,潜水作业时还要掌握好通信线缆等,特别是一旦有限空间内作业出现异常,监护人员可立即帮助井下人员迅速撤离。监护人员的工作直接关系到有限空间内作业人员的安全,责任重大,所以要求监护人员必须经过专业培训,并具备一定的安全素质、操作技能、管理能力、抢救方法,工作中必须严肃、认真、负责。有限空间内作业未结束时监护人员不得撤离。

监护人员应在有限空间外全程持续监护,不得擅离职守,主要做好以下几方面工作:
(1)监护者应按照有关规定,经培训考核合格,持证上岗作业;
(2)监护人员应在有限空间外全程持续监护,不得擅离职守;
(3)防止未经许可的人员进入作业区域;
(4)监护者应能跟踪作业者作业过程,保持与作业者进行有效的信息沟通;
(5)监护者持续气体检测,并记录检测数据;
(6)监护者看护好送风机、发电机有效运行;
(7)发现异常时,监护者应立即向作业者发出撤离警报,并协助作业者逃生;
(8)发生意外时,应求救,并组织救援。

4. 异常情况时紧急撤离有限空间

作业期间发生下列情况之一时,作业人员应立即中断作业,撤离有限空间:
(1)作业人员出现身体不适;
(2)安全防护设备或个体防护用品失效;

(3)气体检测报警仪报警;
(4)监护人员或作业现场负责人下达撤离命令;
(5)其他可能危及安全的情况。

5. 案例:通风检测合格仍中毒,四川事故揭示安全漏洞

事故经过:悲剧发生于2022年某日凌晨,位于四川省资阳市某区的某公司的污水处理作业现场。这场不幸的中毒和窒息事故导致2人遇难,1人受重伤,同时给企业带来了约300万元的直接经济损失。

原因分析:根据四川省安全科学技术研究院的现场检测结果,事故发生时,污水池底部污泥未搅动时,硫化氢浓度尚在安全范围内。然而,搅动污泥,现场硫化氢浓度急剧上升至77.61 mg/m^3,远超国家规定的最高容许浓度10 mg/m^3。

结论:本案例非常具有典型性,现场作业人员按照"先通风、再检测、后作业"的原则开展了准备工作,人员进入污水池底开始作业时,对污泥进行了扰动,污泥中的硫化氢溢出,导致人员中毒死亡。此事警示我们,在进行含有污泥的有限空间内作业时,除了遵循标准程序外,更应保持高度警觉,实时关注风险的动态变化,以确保作业安全。

4.4 作业后管理

有限空间作业完成后的管理要求如下:
(1)作业人员应将全部设备、工器具、剩余的材料或废料带离有限空间;
(2)监护人员对撤出的作业人员数,以及带离有限空间的工器具、材料等物件进行清点,确保有限空间内作业人员已全部撤出,工器具、未消耗材料没有遗漏在有限空间内;
(3)现场负责人安排人员关闭有限空间出入口,暂时不能关闭的,要设置围挡和"危险!严禁入内"警示标志;
(4)设施所属单位安全负责人与施工单位作业现场负责人对有限空间内外进行全面检查,确认无误后方可封闭有限空间;
(5)解除本次作业前采取的隔离、封闭措施,恢复现场环境后安全撤离作业现场。

4.5 有限空间作业"十不准"与"十必须"

1. 有限空间作业"十不准"

有限空间作业"十不准"包括以下内容。
(1)不准未经风险辨识就作业。
(2)不准未经通风和检测合格就作业。
(3)不准未佩戴合格的劳动防护用品就作业。

(4)不准没有监护就作业。

(5)不准使用不符合规定的安全设备、应急装备作业。

(6)不准未经审批就作业。

(7)不准未确定联络方式及信号就作业。

(8)不准未经培训演练就作业。

(9)不准未检查好应急救援装备就作业。

(10)不准不了解作业方案、作业现场可能存在的危险有害因素、作业安全要求、防控措施及应急处置措施就作业。

2. 有限空间作业"十必须"

有限空间作业"十必须"包括以下内容。

(1)事故发生后必须立即停止作业,积极开展自救互救,严禁盲目施救。

(2)必须安全施救,禁止未经培训、未佩戴个体防护装备的人员进入有限空间施救。

(3)作业现场负责人必须及时向本单位报告事故情况,必要时拨打"119""120"电话报警。

(4)救援时须设置警戒区域,严禁无关人员和车辆进入。

(5)救援人员必须正确穿戴个体防护装备开展救援行动。

(6)在有限空间内救援时,必须采取可靠的隔离(隔断)措施。

(7)必须保持持续通风,直至救援行动结束。

(8)必须根据条件安全施救,具备从有限空间外直接施救条件的,救援人员在外部通过安全绳等装备将被困人员迅速移出;不具备从有限空间外直接施救条件的,救援人员进入内部施救。

(9)救援人员必须与外部人员保持有效联络,并保持通信畅通。

(10)必须保护救援人员安全。救援持续时间较长时,应实施轮换救援;出现危险时,救援人员立即撤离危险区域,等待安全后再实施救援。

第 5 章　有限空间作业安全管理

5.1　有限空间作业安全管理概述

1. 安全管理的相关概念

(1) 安全的概念

安全是相对的概念,它是人们对生产、生活中是否可能遭受健康损害和人身伤亡的综合认识。安全是指客观事物的危险程度能够为人们普遍接受的状态。

(2) 安全生产的概念

一般意义上讲,安全生产是指在社会生产活动中,通过人、机、物料、环境的和谐运作,使生产过程中潜在的各种事故风险和伤害因素始终处于有效控制状态,切实保护劳动者的生命安全和身体健康。

在安全生产中,消除危害人身安全和健康的因素,保障员工安全、健康、舒适地工作,称为人身安全;消除损坏设备、产品等的危险因素,保证生产正常进行,称为设备安全。

(3) 安全管理的概念

安全管理是管理的重要组成部分。所谓安全管理,就是针对人们在生产过程中的安全问题,运用有效的资源,发挥人们的智慧,通过人们的努力,进行有关决策、计划、组织和控制等活动,实现生产过程中人与机器设备、物料、环境的和谐,达到安全生产的目标。其管理的基本对象是企业的员工(企业中的所有人员)、设备设施、物料、环境、财务、信息等各个方面。

控制事故可以说是安全管理工作的核心,而控制事故最好的方式就是实施事故预防,即通过管理和技术手段的结合,消除事故隐患,控制不安全行为,保障劳动者的安全,这也是"预防为主"的本质所在。

但根据事故的特性可知,由于受技术水平、经济条件等各方面的限制,有些事故是不可能不发生的。因此,控制事故的第二种手段就是应急措施,即通过抢救、疏散、抑制等手段,在事故发生后控制事故的蔓延,把事故的损失减到最小。

2. 有限空间作业安全管理的原则

(1) 法治原则

在有限空间中施工企业必须遵守安全生产相关的法律法规,加强安全生产管理,推进安全生产标准化建设。

(2)"以人为本"的原则

在生产过程中,必须坚持"以人为本"的原则。在生产与安全的关系中,一切以安全为重,安全必须排在第一位。必须预先分析危险源,预测和评价危险、有害因素,掌握危险出现的规律和变化,采取相应的预防措施,将危险和安全隐患消灭在萌芽状态。

(3)"管生产必须管安全"的原则

其指工程项目各级领导和全体员工在生产过程中必须坚持在抓生产的同时抓好安全工作。它实现了安全与生产的统一,生产和安全是一个有机的整体,两者不能分割,更不能对立起来,应将安全寓于生产之中。

(4)安全具有否决权的原则

其指安全生产工作是衡量工程项目管理的一项基本内容,它要求对各项指标考核,评优创先时首先必须考虑安全指标的完成情况。安全指标没有实现,即使其他指标顺利完成,仍无法实现项目的最优化,安全具有一票否决的作用。

(5)"四不放过"原则

在调查处理工伤事故时,必须坚持事故原因分析不清不放过,事故责任者和群众没有受到教育不放过,没有采取切实可行的防范措施不放过和事故责任者没有被处理不放过。

3. 有限空间作业安全管理的内容

(1)安全管理制度的建立;
(2)管理台账的建立;
(3)作业场所安全警示要求;
(4)安全教育培训内容及培训要求;
(5)监护人员职责与要求;
(6)有限空间危险有害因素分析;
(7)主要安全风险辨识与评估;
(8)现场事故隐患排查;
(9)作业现场安全交底内容及要求;
(10)现场安全检查内容及要求;
(11)发包与分包单位的管理。

5.2 有限空间作业安全生产规章制度

1. 安全生产规章制度的定义

安全生产规章制度是生产经营单位贯彻国家有关安全生产法律法规、国家和行业标准,贯彻国家安全生产方针、政策的行动指南,是生产经营单位有效防范生产、经营过程安全风险,保障从业人员安全健康、财产安全、公共安全,加强安全生产管理的重要措施。

安全生产规章制度是指生产经营单位依据国家有关法律法规、国家和行业标准,结合生产经营的安全生产实际,以生产经营单位名义颁发的有关安全生产的规范性文件。

2.有限空间作业安全生产规章制度种类及要求

为规范有限空间作业安全管理,存在有限空间作业的单位应建立健全有限空间作业安全生产规章制度。安全生产规章制度主要包括安全责任制度、作业审批制度、作业现场安全管理制度、相关从业人员安全教育培训制度、事故调查报告处理制度、应急管理制度等。

有限空间作业安全规章制度应纳入单位安全管理制度体系统一管理,可单独建立也可与相应的安全生产规章制度进行有机融合。作业单位应建立有限空间作业安全生产规章制度,并满足以下要求。

(1)有限空间作业岗位责任制:涵盖安全管理部门和(或)人员、审批部门和(或)审批责任人、现场责任人、作业负责人、监护者、作业者、应急救援人员及其他相关部门和人员的职责及要求等内容。

(2)有限空间作业审批制度:涵盖审批部门和(或)审批责任人、审批要求、审批内容、审批流程、审批单样式和审批文件存档等内容。

(3)有限空间作业安全培训制度:涵盖有限空间作业培训计划制定、培训对象、培训内容、培训档案管理等内容。

(4)有限空间作业防护设备设施管理制度:涵盖有限空间作业安全防护设备、个体防护装备、应急救援设备设施采购、使用、存放、更新、维护保养及报废等内容。

(5)有限空间作业现场管理制度:涵盖有限空间作业现场人员、设备设施管理及相关安全要求等内容。

(6)事故调查报告处理制度:涵盖作业单位内部事故标准、报告程序、现场应急处置、现场保护、资料收集、相关当事人调查、技术分析、调查报告编制等,还应明确向上级主管部门报告事故的流程、内容等。

(7)应急管理制度:涵盖生产经营单位的应急管理部门,预案的制定、发布、演练、修订和培训等;总体预案、专项预案、现场处置方案等。

5.3 有限空间作业安全管理台账

安全管理台账,就是反映一个单位安全管理的整体情况的资料记录。加强安全台账管理不仅可以反映安全生产的真实过程和安全管理的实绩,而且为解决安全生产中存在的问题,强化安全控制、完善安全制度提供了重要依据,是规范安全管理、夯实安全基础的重要手段。因此,安全生产台账不是一个可有可无的台账,及时、认真、真实地建立安全台账,是一个单位整体管理水平和管理人员综合素质的体现。

存在有限空间作业的单位应根据有限空间的定义,辨识本单位存在的有限空间及其安全风险,确定有限空间数量、位置、名称、主要危险有害因素、可能导致的事故及后果、防护要求、作业主体等情况,建立有限空间作业管理台账并及时更新。有限空间作业管理台账示例见表5.1。

表 5.1 有限空间作业管理台账示例

序号	所在区域	有限空间名称或编号	主要危险有害因素	事故及后果	防护要求	作业主体

5.4 有限空间作业发包管理

1. 承包单位具备的安全生产条件

将有限空间作业发包的,承包单位应具备相应的安全生产条件,即应满足有限空间作业安全所需的安全生产责任制、安全生产规章制度、安全操作规程、安全防护设备、应急救援装备、人员资质和应急处置能力等方面的要求。

2. 发包单位和承办单位的安全责任

(1) 发包单位对发包作业安全承担主体责任。

(2) 发包单位应与承包单位签订安全生产管理协议,明确双方的安全管理职责,或在合同中明确约定各自的安全生产管理职责。

(3) 发包单位应对承包单位的作业方案和实施的作业进行审批,对承包单位的安全生产工作统一协调、管理,定期进行安全检查,发现安全问题的,应当及时督促整改。

(4) 承包单位对其承包的有限空间作业安全承担直接责任,应严格按照有限空间作业安全要求开展作业。

5.5 有限空间作业安全专项培训

安全专项培训(图 5.1),亦称安全生产教育,主要是指企业为提高职工安全技术水平和防范事故能力而进行的教育培训工作,也是企业安全管理的主要内容。它与消除事故隐患、创造良好的劳动条件相辅相成。

图 5.1 有限空间作业安全专项培训

1. 安全专项培训内容

有限空间作业安全培训内容至少包括以下内容：
(1)有限空间作业安全基础知识；
(2)有限空间作业安全管理；
(3)有限空间作业危险有害因素和安全防范措施；
(4)有限空间作业程序；
(5)安全防护设备、个体防护用品及应急救援装备的正确使用；
(6)有限空间作业应急救援演练(图 5.2)等。

图 5.2 有限空间作业应急救援演练

2. 安全专项培训的要求

有限空间作业安全专项培训应符合下列要求。
(1)企业分管负责人和安全管理人员应当具备相应的有限空间作业安全生产知识和管理能力。
(2)有限空间作业现场负责人、监护人员、作业人员和应急救援人员应当了解与掌握有限空间作业危险有害因素及安全防范措施，熟悉有限空间作业安全操作规程、设备使用方法、事故应急处置措施及自救和互救知识等。

(3)存在有限空间的单位应对相关人员每年至少组织 1 次有限空间作业安全专项培训,并符合以下要求:

①发包单位应对本单位有限空间作业安全管理人员进行培训;

②作业单位应对有限空间作业安全管理人员、作业负责人、监护者、作业者和应急救援人员进行培训。

(4)单位应做好培训记录,由参加培训的人员签字确认,并将培训签到记录、讲义和试卷等相关材料归档保存。

(5)从事地下有限空间作业的作业人员和监护人员应按照有关规定,经培训考核合格,持证上岗作业。

3. 提高安全专项培训的效果

在进行安全专项培训过程中,为提高安全专项培训效果,应注意以下几方面。

(1)领导者要重视安全培训

企业安全培训制度的建立、安全培训计划的制定、所需资金的保证及安全培训的责任者均由企业领导者负责。因此,企业领导者对安全培训的重视程度决定了企业安全培训开展的广泛与深入程度,决定了安全培训的效果。

(2)培训形式要多样化

安全培训形式要因地制宜,因人而异,灵活多样,采取符合人们的认识特点的、感兴趣的、易于接受的方法。

(3)培训内容要规范化

安全培训的教学大纲、教学计划、教学内容及教材要规范化,使受培训者受到系统、全面的安全培训,避免由于任务紧张等因素在安全培训实施中走过场。

(4)培训要有针对性

要针对不同人员、工作环境、季节等进行预防性培训,及时掌握现场环境和设备状态及职工思想动态,分析事故苗头,及时有效地处理,避免问题累积扩大。

(5)用实践巩固学习成果

当通过反复实践形成了使用安全操作方法的习惯之后,工作起来就会得心应手,安全意识也会逐步增强。

5.6 有限空间作业安全检查

1. 安全检查的目的

安全检查(图 5.3)是安全管理工作中的一项重要内容,是保持安全环境、矫正不安全操作,防止事故的一种重要手段。它是多年来从生产实践中创造出来的一种好形式,是安全生产工作中运用群众路线的方法,是发现不安全状态和不安全行为的有效途径,是消除事故隐患、落实整改措施、防止伤亡事故、改善劳动条件的重要手段。

图5.3　有限空间作业安全检查

2. 安全检查的形式

安全检查的主要形式如下。

(1)日常安全检查

日常安全检查是指按企业制定的检查制度每天都进行的、贯穿生产过程的安全检查。各级领导和各级安全生产管理人员应在各自业务范围内,经常深入作业现场,进行安全检查,发现安全隐患及时整改解决。

(2)专业性安全检查

对易发生安全事故的特种设备、特殊场所或特殊操作工序,除了日常安全检查外,还应组织有关专业技术人员、管理人员、操作职工或委托有资格的相关专业技术检查评价单位,进行安全检查;应明确重点、手段、方法,如对锅炉、各种压力容器、各种反应罐、易燃易爆、易中毒和窒息场所等;必要时要对某些设备或操作进行长时间的观察和检查,对相关设备运行情况、作业职工操作情况、调试及维修等情况、安全防护措施及个人防护用品使用情况等进行连续检查,以确保其防护功能。发现问题及时纠正,以采取相应的防范措施。

(3)季节性安全检查

根据季节特点对作业安全的影响,由安全技术部门组织相关人员进行的检查。如夏季气温较高,有限空间内的污水、污泥易挥发有毒气体,易发生中毒和窒息安全事故。夏季气温较高,也易发生中暑。雨季以防触电、防建筑物倒塌、防高处坠落为主要内容。

(4)节假日前后的安全检查

节假日前,要针对职工思想不集中、精力分散、提示注意的综合安全检查。节后要进行遵章守纪的检查,防止人的不安全行为而造成事故。

3. 安全检查的工作程序

(1)安全检查准备

①确定检查对象、目的、任务;

②查阅、掌握相关法规、标准、规程的要求；
③了解检查有限空间作业的工艺流程、生产情况、可能出现危险、危害的情况；
④制定检查计划,安排检查内容、方法、步骤；
⑤编写安全检查表或检查提纲；
⑥准备必要的检测工具、仪器、书写表格或记录本；
⑦挑选和训练检查人员并进行必要的分工等。

(2)实施安全检查

实施安全检查就是通过访谈、查阅文件和记录、现场观察、仪器测量的方式获取信息。

①访谈:通过与有关人员谈话来了解安全生产规章制度的执行情况；
②查阅文件和记录:检查安全管理制度、安全操作规程、安全措施等是否齐全、有效,查阅相应记录,判断上述文件是否被执行；
③现场观察:到作业现场寻找不安全因素、事故隐患、事故征兆等；
④仪器测量:利用一定的检测检验仪器设备对在用的设施、设备、器材状况及作业环境条件等进行测量,以发现安全隐患。

(3)综合分析

经现场检查和数据分析后,检查人员对检查情况进行综合分析,提出检查的结论和意见。

(4)结果反馈

现场检查和综合分析完成后,应将检查的结论和意见反馈至被检查对象。结果反馈形式可以是现场反馈,也可以是书面反馈。现场反馈的周期较短,可以及时将检查中发现的问题反馈至被检查对象。书面反馈的周期较长但比较正式。

(5)提出整改要求

检查结束后,针对检查发现的问题,应根据问题性质的不同,提出相应的整改措施和要求。

(6)整改落实

对安全检查发现的问题和隐患,企业应制定整改计划,建立安全生产问题隐患台账,定期跟踪隐患的整改落实情况,确保隐患按要求整改完成,形成隐患整改的闭环管理。安全生产问题隐患台账应包括隐患分类、隐患描述问题依据、整改要求、整改责任单位、整改期限等内容。

4. 安全检查的内容

有限空间作业安全检查过程中,重点检查以下几个方面:
(1)是否制定有限空间作业方案,正确履行作业审批手续；
(2)作业前是否进行了规范的安全交底工作；
(3)是否规范设置明显的安全警示标志和有限空间安全告知牌；
(4)是否严格执行"先通风、再检测、后作业"的原则；
(5)作业人员佩戴和使用劳动防护用品是否正确；
(6)监护人员是否全过程持续监护、与作业人员进行有效的信息沟通；

(7)作业完成后,是否对作业现场进行清理,确认作业人员及设备工具已全部清理出有限空间;

(8)是否制定有限空间作业应急预案、现场配备应急救援器材,严禁盲目施救。

5. 安全检查的日志

安全检查日志(表5.2)是有限空间作业现场安全资料的主要内容之一。

表5.2 有限空间作业安全检查日志

当日作业情况			
安全检查记录			
存在的安全问题			
整改措施			
整改反馈			
检查人签字		项目经理签字	日期

安全检查日志是专职安全管理人员坚持不懈地记载有限空间作业过程中每天发生的与作业安全有关事件的详细记录,是安全作业的真实写照。

施工安全检查日志填写应抓住事情的关键内容。例如,发生了什么事;事情的严重程度;何时发生的;谁做的;谁带领谁干的;谁说的;说什么了;谁决定的;决定了什么;在什么地方(或部位)发生的;要求做什么,要求做多少;要求何时完成;要求谁来完成;怎么做;已经做了多少;做得是否合格;等等。

5.7 有限空间作业主要事故隐患排查

1. 事故隐患的概念

事故隐患是指生产经营单位违反安全生产法律、法规、规章、标准、规程和安全生产管理制度的规定,或者因其他因素在生产经营活动中存在可能导致事故发生的物的危险状态、人的不安全行为和管理上的缺陷。

事故隐患分为一般事故隐患和重大事故隐患。一般事故隐患,是指危害和整改难度较小,发现后能够立即整改排除的隐患。重大事故隐患,是指危害和整改难度较大,应当全部或者局部停产停业,并经过一定时间整改治理方能排除的隐患,或者因外部因素影响致使生产经营单位自身难以排除的隐患。

2. 有限空间作业主要事故隐患

存在有限空间作业的单位应严格落实各项安全防控措施,定期开展排查并消除事故隐患。有限空间作业主要事故隐患排查表见表5.3。

表5.3 有限空间作业主要事故隐患排查表

序号	项目	隐患内容	隐患分类
1	有限空间作业方案和作业审批	有限空间作业前,未制定作业方案或未经审批擅自作业	重大隐患
2	有限空间作业场所辨识和设置安全警示标志	未对有限空间作业场所进行辨识并设置明显安全警示标志	重大隐患
3	有限空间管理台账	未建立有限空间管理台账并及时更新	一般隐患
4	有限空间作业气体检测	有限空间作业前及作业过程中未进行有效的气体检测或监测	重大隐患
5	劳动防护用品配置和使用	未根据有限空间存在危险有害因素的种类和危害程度,为从业人员配备符合国家或行业标准的劳动防护用品,并督促其正确使用	重大隐患
6	有限空间作业安全监护	有限空间作业现场未设置专人进行有效监护	一般隐患
7	有限空间作业安全管理制度和安全操作规程	未根据本单位实际情况建立有限空间作业安全管理制度和安全操作规程,或制度、规程照搬照抄,与实际不符	一般隐患
8	有限空间作业安全专项培训	未对从事有限空间作业的相关人员进行安全专项培训,或培训内容不符合要求	一般隐患
9	有限空间作业事故应急救援预案和演练	未根据本单位有限空间作业的特点,制定事故应急预案,或未按要求组织应急演练	重大隐患
10	有限空间作业承发包安全管理	有限空间作业承包单位不具备有限空间作业安全生产条件,发包单位未与承包单位签订安全生产管理协议或未在承包合同中明确各自的安全生产职责,发包单位未对承包单位作业进行审批,发包单位未对承包单位的安全生产工作定期进行安全检查	一般隐患

3. 事故隐患排查的要求

有限空间事故隐患排查应符合下列要求。

(1)有限空间作业单位应当建立健全事故隐患排查治理制度。

(2)有限空间作业单位主要负责人对本单位事故隐患排查治理工作全面负责。

(3)有限空间作业单位应当定期组织安全管理人员、工程技术人员和其他相关人员排查本单位的事故隐患。对排查出的事故隐患,应当按照事故隐患的等级进行登记,建立事故隐患信息档案,并按照职责分工实施监控治理。

(4)有限空间作业单位应当建立事故隐患报告和举报奖励制度,鼓励、发动职工发现和排除事故隐患,鼓励社会公众举报。对发现、排除和举报事故隐患的有功人员,应当给予物质奖励和表彰。

(5)有限空间发包单位将作业项目、场所、设备发包、出租的,应当与承包、承租单位签订安全生产管理协议,并在协议中明确各方对事故隐患排查、治理和防控的管理职责。发包单位对承包、承租单位的事故隐患排查治理负有统一协调和监督管理的职责。

(6)有限空间作业单位在事故隐患治理过程中,应当采取相应的安全防范措施,防止事故发生。事故隐患排除前或者排除过程中无法保证安全的,应当从危险区域内撤出作业人员,并疏散可能危及的其他人员,设置警戒标志,暂时停产停业或者停止使用;对暂时难以停产或者停止使用的相关生产储存装置、设施、设备,应当加强维护和保养,防止事故发生。

5.8 排水设施维护作业要求

1. 作业场地的安全防护要求

作业场地安全防护应符合下列要求:

(1)当在交通流量大的地区进行维护作业时,应有专人维护现场交通秩序,协调车辆安全通行;

(2)当临时占路维护作业时,应在维护作业区域迎车方向前放置防护栏。一般道路,防护栏距维护作业区域应大于 5 m,且两侧应设置路锥,路锥之间用连接链或警示带连接,间距不应大于 5 m;

(3)在快速路上,宜采用机械维护作业方法;作业时,除应按规定设置防护栏外,还应在作业现场迎车方向不小于 100 m 处设置安全警示标志;

(4)当维护作业现场井盖开启后,必须有人在现场监护或在井盖周围设置明显的防护栏及警示标志;

(5)污泥盛器和运输车辆在道路停放时,应设置安全标志,夜间应设置警示灯,疏通作业完毕清理现场后,应及时撤离现场;

(6)除工作车辆与人员之外,应采取措施防止其他车辆、行人进入作业区域。

2. 井盖开启与关闭的要求

开启与关闭井盖应符合下列要求:
(1) 开启与关闭井盖应使用专用工具,严禁直接用手操作;
(2) 井盖开启后应在迎车方向顺行放置稳固,井盖上严禁站人;
(3) 开启压力井盖时,应采取相应的防爆措施。

3. 排水管道检查要求

管道检查应符合下列要求:
(1) 检查管道内部情况时,宜采用电视检查、声呐检查和便携式快速检查等方式;
(2) 采用潜水检查的管道,其管径不得小于 1.2 m,管内流速不得大于 0.5 m/s;
(3) 从事潜水作业的单位和潜水员必须具备相应的特种作业资质;
(4) 当人员进入管道、检查井、闸井、集水池内检查时,必须按相关规定执行。

4. 管道疏通要求

管道疏通应符合下列要求:
(1) 当采用穿竹片牵引钢丝绳疏通时,不宜下井操作。
(2) 疏通排水管道所使用的钢丝绳除应符合现行国家标准《起重机用钢丝绳检验和报废实用规范》(GB/T 5972—2006)的相关规定外,还应符合《城镇排水管道维护安全技术规程》(CJJ 6—2009)规定。
(3) 当采用推杆疏通时,应符合下列规定:
①操作人员应戴好防护手套;
②竹片和沟棍应连接牢固,操作时不得脱节;
③打竹片与拔竹片时,竹片尾部应由专人负责看护,并应注意来往行人和车辆;
④竹片必须选用刨平竹心的青竹,截面尺寸不应小于 4 cm×1 cm,长度不应小于 3 m。
(4) 当采用绞车疏通时,应符合下列规定:
①绞车移动时应注意来往行人和作业人员安全,机动绞车应低速行驶,并应严格遵守交通法规,严禁载人;
②绞车停放稳妥后应设专人看守;
③使用绞车前,首先应检查钢丝绳是否合格,绞动时应慢速转动,当遇阻力时应立即停止,并及时查找原因,不得因绞断钢丝发生飞车事故;
④绞车摇把摇好后应及时取下,不得在倒回时脱落;
⑤机动绞车应由专人操作,且操作人员应接受专业培训,持证上岗;
⑥作业中应设专人指挥,互相呼应,遇有故障应立即停车;
⑦作业完成后绞车应加锁,并应停放在不影响交通的地方;
⑧绞车转动时严禁用手触摸齿轮、轴头、钢丝绳,作业人员身体不得倚靠绞车。
(5) 当采用高压洒水车疏通时,应符合下列规定。
①当作业气温在 0 ℃ 以下时,不宜使用高压洒水车冲洗。

②作业机械应由专人操作,操作人员应接受专业培训,持证上岗。
③洒水车停放应平稳,位置应适当。
④冲洗现场必须设置防护栏。
⑤作业前应检查高压泵的开关是否灵敏,高压喷管、高压喷头是否完好。
⑥高压喷头严禁对人和在平地加压喷射,移位时必须停止工作,不得伤人。
⑦将喷管放入井内时,喷头应对准管底的中心线方向;将喷头送进管内后,操作人员方可开启高压开关;从井内取出喷头时应先关闭加压开关,待压力消失后方可取出喷头,启闭高压开关时,应缓开缓闭。
⑧当高压水管穿越中间检查井时,必须将井盖盖好,不得伤人。
⑨高压洒水车工作期间,操作人员不得离开现场,洒水车严禁超负荷运转。
⑩在两个检查井之间操作时,应规定准确的联络信号。
⑪当水位指示器降至危险水位时,应立即停止作业,不得损坏机件。
⑫高压管收放时应安放卡管器。
⑬夜间冲洗作业时,应有足够的照明并配备警示灯。

5. 清掏作业要求

清掏作业应符合下列要求:
(1)当使用清疏设备进行清掏作业时,应符合下列规定:
①清疏设备应由专人操作,操作人员应接受专业培训,并持证上岗;
②清疏设备使用前,应对设备进行检查,并确保设备状态正常;
③带有水箱的清疏设备,使用前应使用车上附带的加水专用软管为水箱注满水;
④车载清疏设备路面作业时,车辆应顺行车方向停泊,打开警示灯、双跳灯,并做好路面围护警示工作;
⑤当清疏设备运行中出现异常情况时,应立即停机检查,排除故障。当无法查明原因或无法排除故障时,应立即停止工作,严禁设备带故障运行;
⑥车载清疏设备在移动前,工况必须复原,再至第二处地点进行使用;
⑦清疏设备重载行驶时,速度应缓慢,防止急刹车;转弯时应减速,防止惯性和离心力作用造成事故;
⑧清疏设备 严禁超载;
⑨清疏设备不得作为运输车辆使用。
(2)当采用真空吸泥车进行清掏作业时,除应符合(1)规定之外,还应符合下列规定:
①严禁吸入油料等危险品;
②卸泥操作时,必须选择地面坚实且有足够高度空间的倾卸点,操作人员应站在泥缸两侧;
③当需要翻缸进入缸底进行检修时,必须用支撑柱或挡板垫实缸体;
④污泥胶管销挂应牢固。
(3)当采用淤泥抓斗车清掏时,除应符合本规程(1)规定之外,还应符合下列规定:
①泥斗上升时速度应缓慢,应防止泥斗勾住检查井或集水池边缘,不得因斗抓崩出

伤人；

②抓泥斗吊臂回转半径内禁止任何人停留或穿行；

③指挥、联络信号(旗语、口笛或手势)应准确。

(4)当采用人工清掏时，应符合下列规定：

①清掏工具应按车辆顺行方向摆放和操作；

②清掏作业前应打开井盖进行通风；

③作业人员应站在上风口作业，严禁将头探入井内；当需下井清掏时，应按相关规定执行。

6. 管道及附属构筑物维修要求

管道及附属构筑物维修应符合下列要求：

(1)管道维修应符合现行国家标准《给水排水管道工程施工及验收规范》(GB 50268—2008)的相关规定；

(2)当管道及附属构筑物维修需掘路开挖时，应提前掌握作业面地下管线分布情况；当采用风镐掘路作业时，操作人员应注意保持安全距离，并戴好防护眼镜；

(3)当需要封堵管道进行维护作业时，宜采用充气管塞等工具并应采取支撑等防护措施；

(4)当加砌检查井或新老管道封堵、拆堵、连接施工时，作业人员应按相关规定执行；

(5)排水管道出水口维修应符合下列规定：

①维护作业人员上下河坡时应走梯道；

②维修前应关闭闸门或封堵，将水截流或导流；

③带水作业时，应侧身站稳，不得迎水站立；

④运料采用的工具必须牢固结实，维护作业人员应精力集中，严禁向下抛料。

(6)检查井、雨水口维修应符合下列规定：

①当搬运、安装井盖、井箅、井框时，应注意安全，防止受伤；

②当维修井口作业时，应采取防坠落措施；

③当进入井内维修时，应按相关规定执行。

(7)抢修作业时，应组织制定专项作业方案，并有效实施。

5.9 作业现场消防要求

1. 灭火器的类型及注意事项

(1)泡沫灭火器

泡沫灭火器适用于扑救一般火灾：比如油制品、油脂等无法用水来施救的火灾。其不能扑救火灾中的水溶性可燃、易燃液体的火灾，如醇、酯、醚酮等物质火灾；也不可用于扑灭带电设备的火灾。

(2) 干粉灭火器

干粉灭火器可扑灭一般的火灾,还可扑灭油、气等燃烧引起的失火。其主要用于扑救石油、有机溶剂等易燃液体、可燃气体和电气设备的初期火灾。

(3) 二氧化碳灭火器

二氧化碳灭火器用来扑灭图书、档案、贵重设备精密仪器、600 V 以下电气设备及油类的初起火灾。其适用于扑救一般油制品、油脂等火灾,不能扑救水溶性可燃、易燃液体的火灾,如醇、酯醚、酮等物质火灾,也不能扑救带电设备火灾。

(4) 消防安全注意事项

①在易燃易爆危险品存放及使用场所、动火作业场所、可燃材料存放、加工及使用场所和其他具有火灾危险的场所须配备灭火器

②灭火器的类型应与配备场所可能发生的火灾类型相匹配。灭火器应设置在位置明显便于取用的地点,且不得影响安全疏散。灭火器的配备数量应按《建筑灭火器配置设计规范》(GB 50140—2005)的有关规定经计算确定,且每个场所灭火器数量不应少于2具。

2. 火灾发生的常见原因

燃烧的三要素:着火源、可燃物和助燃物。阻止三个要素结合在一起,即可有效防止火灾。有限空间作业发生火灾的主要原因如下:

(1) 吹扫置换不彻底,使可燃物留存在管道或容器内,可能形成爆炸混合气体;

(2) 清理清除不细致,残留在管线、容器内壁的可燃物质,随着动火作业的进行,解析出可燃气体;

(3) 残留在管线、容器内壁的氧化物(如硫化亚铁)发生自燃;

(4) 隔离封堵不可靠,附近的装置、设备、管线泄漏,释放易燃易爆气体窜入至有限空间;

(5) 焊接时氧气的泄漏,造成富氧环境,增大燃爆的风险;

(6) 使用乙炔割枪,乙炔软管出现泄漏,点火时发生闪爆;

(7) 有限空间内存在的碳粒、粮食粉尘、纤维、塑料屑以及很细的可燃性固体颗粒或粉尘;

(8) 有限空间存在其他可燃物料,动火作业时,引燃附近可燃物料。

3. 防火措施及火灾的处置办法

(1) 动火许可

动火作业应办理动火许可证。动火许可证的签发人收到动火申请后,应前往现场查验并确认动火的防火措施落实情况,然后再签发动火许可证。动火许可证当日有效,如动火地点发生变化,则需重新办理动火审批手续。

维护作业现场的作业人员与所维护的设施比较接近或身处其中,如排水管道、检查井、闸井、泵站集水池等,这些设施大多是长期封闭或半封闭式的,通气性较差,气体较为复杂,其中有的含有大量有毒气体,易燃、易爆气体,当浓度较高时,如作业中对该作业现场安全环境缺乏确认或不了解,贸然动用明火容易造成爆炸伤人事故,所以,维护作业现场严禁吸

烟。如需动用明火必须严格执行动火审批制度,未经许可严禁动用明火。

(2)电焊、气割作业防火

①严格执行动火审批程序和制度。操作前应当办理动火申请手续,经单位领导同意及消防或者安全技术部审查批准后方可进行作业。

②焊接、切割烘烤或加热等动火作业应配备灭火器材,并设置动火监护人进行现场监护,每个动火作业点均应设置1个监护人。

③在焊接、切割、烘烤或加热等动火作业前,应对作业现场的可燃物进行清理;作业现场及其附近无法移走的可燃物,应采用不燃材料覆盖或隔离。

④5级(含5级)以上风力时,应停止焊接、切割等室外动火作业。确需动火作业时,应采取可靠的挡风措施。

⑤从事电焊气割操作人员应当经专门培训,掌握焊割的安全技术、操作规程,经考试合格,取得特种作业人员操作资格证书后方可持证上岗。学徒工不能单独操作,应当在师傅的监护下进行作业。

⑥进行电焊、气割前,应当由相关负责人向操作、看火人员进行消防安全技术措施交底,任何领导不能以任何借口让电焊、气割工人进行冒险操作。

⑦装过或者有易燃、可燃液体、气体及化学危险物品的容器、管道和设备,在未清洗干净前,不得进行焊割。

⑧严禁在有可燃气体、粉尘或者禁止明火的危险性场所焊割。在这些场所附近进行焊割时,应当按有关规定保持防火距离。

⑨要合理安排工艺和编排施工进度。安排施工作业时,宜将动火作业安排在使用可燃建筑材料施工作业之前进行;确需在可燃建筑材料施工作业之后进行动火作业的,应采取可靠的防火保护措施。

⑩必要时,应当在工艺安排和施工方法上采取严格的安全防护措施。焊制不准与油漆、喷漆、脱漆、木工等易燃操作同时间、同部位上下交叉作业。在有可燃材料保温的部位,不准进行焊割作业。

⑪焊割结束或者离开操作现场时,应当切断电源、气源。炽热的焊嘴、焊条头等,禁止放在易燃,易爆物品和可燃物上。

⑫禁止使用不合格的焊割工具和设备。电焊的导线不能与装有气体的气瓶接触,也不能与气焊的软管或者气体的导管放在一起。焊把线和气焊的软管不得从生产、使用、储存易燃、易爆物品的场所或者部位穿过。

⑬焊割现场应兰当配备灭火器材,危险性较大的应当有专人现场监护。

(3)油漆作业防火

①喷漆、涂漆的场所应当有良好的通风,防止形成爆炸极限浓度,引起火灾或者爆炸。

②喷漆、涂漆的场所内禁止一切火源,应当采用防爆型电气设备。

③禁止与焊工同时间同部位的上下交叉作业。

④油漆工不能穿着易产生静电的工作服。接触涂料稀释剂的工具应当采用防火花型。

⑤浸有涂料、稀释剂的破布、纱团、手套和工作服等,应当及时清理,防止因化学反应而生热,发生自燃。

⑥在油漆作业中,应当严格遵守操作规程和程序。

⑦使用脱漆剂时,应当采用不燃性脱漆剂。若因工艺或者技术上的要求使用易燃性脱漆剂时,一次涂刷脱漆剂剂量不宜过多,控制在能使漆膜起发膨胀为宜,清除掉的漆膜要及时妥善处理。

⑧对使用中能分解、发热自燃的物料,要妥善管理。

(4)电工作业防火

①放置及使用易燃液体、气体的场所应当采用防爆型电气设备及照明灯具。

②不能用纸、布或者其他可燃材料做无骨架的灯罩,灯泡距可燃物应当保持一定距离。

③作业现场严禁私自使用电炉、电热器具。

④当电线穿过墙壁或与其他物体接触时,应当在电线上套有瓷管等非燃材料加以隔绝。

⑤电气设备和线路应当经常检查,当发现可能引起火花、短路、发热和绝缘损坏等情况时,应立即进行修理。

5.10 作业现场安全用电要求

1. 电气设备安全基本常识

触电是电击伤的俗称,通常是指人体直接触及电源或高压电经过空气或其他导电介质传递电流通过人体时引起的组织损伤和功能障碍,重者发生心跳和呼吸骤停。当使用有缺陷的电气设备,触及带电的破旧电线,触及未接地的电气设备及裸露线、开关、保险等时,就可能发生触电事故。

电流对人体的电击伤害的严重程度与通过人体的电流大小、频率、持续时间、流经途径和人体的健康状况有关。

通过人体的电流越大,人体的生理反应也越大。电流通过人体时间越长,能量积累增加,引起心室颤动所需的电流也就越小。电流途径主要有从左手到右手、左手到脚、右手到脚等,其中左手到脚的流通是最不利的情况。25~300 Hz 的交流电对人体的伤害最严重。随频率增加,交流电感知、摆脱电流值都会增大,对人体的伤害程度会有所减小,但高频电压还是有致命危险的。一般来说,儿童较成年人敏感,女性较男性敏感,患有心脏病者触电后死亡的可能性更大。

2. 施工用电安全技术措施

(1)照明器的选择

有限空间作业环境存在爆炸危险的,电气设备、照明用具应满足防爆要求。有限空间内使用照明灯具电压应不大于 24 V,在积水、结露等潮湿环境的有限空间和金属容器中作业,照明灯具电压应不大于 12 V。

①正常湿度一般场所,选用密闭型防水照明器;

②潮湿或特别潮湿的场所,选用密闭型防水照明器或配有防水灯头的开启式照明器;

③含有大量尘埃但无爆炸和火灾危险的场所,选用防尘型照明器;

④有爆炸和火灾危险的场所,按危险场所等级选用防爆型照明器;

⑤存在较强振动的场所,选用防振型照明器;

⑥有酸碱等强腐蚀介质的场所,采用耐酸碱型照明器。

（2）安全使用行灯

①灯体与手柄应坚固、绝缘良好并耐热耐潮湿;

②灯头与灯体结合牢固,灯头无开关;

③灯泡外部有金属保护网;

④金属网、反光罩、悬吊挂钩固定在灯具的绝缘部位上。

（3）焊接机械安全用电

①电焊机械应放置在防雨、干燥和通风良好的地方。焊接现场不得有易燃易爆物品。

②交流弧焊机变压器的一次侧电源线长度不应大于 5 m,其电源进线处必须设置防护罩。发电机式直流电焊机的换向器应经常检查和维修,应消除可能产生的异常电火花。

③电焊机械开关箱中的漏电保护器必须符合规范要求。交流电焊机械应配装防二次侧触电保护器。

④电焊机械的二次线应采用防水橡皮护套铜芯软电缆。电缆的长度不应大于 30 m,不得采用金属构件或结构钢筋代替二次线的地线。

⑤使用电焊机械时必须穿戴防护用品。严禁露天冒雨从事电焊作业。

3. 手持电动工具安全使用常识

（1）选购的手持电动工具以及用电安全装置符合相应的国家现行有关强制性标准的规定,且具有产品合格证和使用说明书。

（2）建立和执行专人专机负责制,并定期检查和维修保养。

（3）空气湿度小于 75% 的一般场所可选用 I 类或 II 类手持电动工具,其金属外壳与 PE 线的连接点不得少于 2 处;除塑料外壳 II 类工具之外,相关开关箱中漏电保护器的额定漏电动作电流不应大于 15 mA,额定漏电动作时间不应大于 0.1 s,其负荷线插头应具备专用的保护触头。所用插座和插头在结构上应保持一致,避免导电触头和保护触头混用。

（4）在潮湿场所或金属构架上操作时,必须选用 II 类或由安全隔离变压器供电的 III 类手持电动工具。金属外壳 II 类手持电动工具使用时,其开关箱和控制箱应设置在作业场所外面。在潮湿场所或金属构架上严禁使用 I 类手持电动工具。

（5）狭窄场所必须选用由安全隔离变压器供电的 III 类手持电动工具,其开关箱和安全隔离变压器均应设置在狭窄场所外面,并连接 PE 线。操作过程中,应有人在外面监护。

（6）手持电动工具的负荷线应采用耐气候型的橡皮护套铜芯软电缆,并不得有接头。

（7）手持电动工具的外壳、手柄、插头、开关、负荷线等必须完好无损,使用前必须做好绝缘检查和空载检查,在绝缘合格、空载运转正常后方可使用。

第6章 有限空间作业应急管理和现场急救

通过对有限空间事故的调查分析,不难发现,绝大多数伤亡扩大是由盲目施救造成的。因此,有限空间作业事故的应急救援,应严格按照《生产安全事故应急预案管理办法》(应急管理部令第2号)和《生产经营单位生产安全事故应急预案编制导则》(GB/T 29639—2020)的要求进行预案的编制以及备案,并按照《生产安全事故应急条例》中的规定,定期开展应急预案的演练。

6.1 有限空间作业应急救援预案

1. 应急预案体系

生产经营单位应急预案分为综合应急预案、专项应急预案和现场处置方案。生产经营单位应根据有关法律、法规和相关标准,结合本单位组织管理体系、生产规模和可能发生的事故特点,科学合理确立本单位的应急预案体系,并注意与其他类别应急预案相衔接。

(1)综合应急预案内容

综合应急预案是生产经营单位为应对各种生产安全事故而制定的综合性工作方案,是本单位应对生产安全事故的总体工作程序、措施和应急预案体系的总纲。其内容如下。

①总则

a. 适用范围:说明应急预案适用的范围。

b. 响应分级:依据事故危害程度、影响范围和生产经营单位控制事态的能力,对事故应急响应进行分级,明确分级响应的基本原则。响应分级不必照搬事故分级。

②应急组织机构及职责

明确应急组织形式(可用图示)及构成单位(部门)的应急处置职责。应急组织机构可设置相应的工作小组,各小组具体构成、职责分工及行动任务应以工作方案的形式作为附件。

③应急响应

a. 信息报告:明确应急值守电话、事故信息接收、内部通报程序、方式和责任人,向上级主管部门、上级单位报告事故信息的流程、内容、时限和责任人,以及向本单位以外的有关部门或单位通报事故信息的方法、程序和责任人。

b. 信息处置与研判:明确响应启动的程序和方式。根据事故性质、严重程度、影响范围和可控性,结合响应分级明确的条件,可由应急领导小组做出响应启动的决策并宣布,或者依据事故信息是否达到响应启动的条件自动启动。若未达到响应启动条件,应急领导小组可做出预警启动的决策,做好响应准备,实时跟踪事态发展。响应启动后,应注意跟踪事态发展,科学分析处置需求,及时调整响应级别,避免响应不足或过度响应。

c. 预警:综合应急预案的预警包括预警启动、响应准备和预警解除三个部分。预警启动应明确预警信息发布的渠道、方式和内容,收到预警信息的部门和个人应立即做出响应的准备工作,包括队伍、物资、装备、后勤及通信。预警的解除应明确预警解除的基本条件、要求及责任人。

d. 响应启动:确定响应级别,明确响应启动后的程序性工作,包括应急会议召开、信息上报、资源协调、信息公开、后勤及财力保障工作。

e. 应急处置:明确事故现场的警戒疏散、人员搜救、医疗救治、现场监测、技术支持、工程抢险及环境保护方面的应急处置措施,并明确人员防护的要求。

f. 应急救援:明确当事态无法控制情况下,向外部(救援)力量请求支援的程序及要求、联动程序及要求,以及外部(救援)力量到达后的指挥关系。

g. 响应终止:明确响应终止的基本条件、要求和责任人。

④后期处置:明确污染物处理、生产秩序恢复、人员安置方面的内容。

⑤应急保障

a. 通信与信息保障:明确应急保障的相关单位及人员通信联系方式和方法,以及备用方案和保障责任人。

b. 应急队伍保障:明确相关的应急人力资源,包括专家、专兼职应急救援队伍及协议应急救援队伍。

c. 物资装备保障:明确本单位的应急物资和装备的类型,数量、性能、存放位置、运输及使用条件、更新及补充时限、管理责任人及其联系方式,并建立台账。

⑥其他保障:根据应急工作需求而确定的其他相关保障措施(如能源保障、经费保障、交通运输保障、治安保障、技术保障、医疗保障及后勤保障)。

(2)专项应急预案内容

①适用范围

说明专项应急预案适用的范围,以及与综合应急预案的关系。

②应急组织机构及职责

明确应急组织形式(可用图示)及构成单位(部门)的应急处置职责。应急组织机构以及各成员单位或人员的具体职责。应急组织机构可以设置相应的应急工作小组,各小组具体构成、职责分工及行动任务建议以工作方案的形式作为附件。

③响应启动

明确响应启动后的程序性工作,包括应急会议召开、信息上报、资源协调、信息公开、后勤及财力保障工作。

④处置措施

针对可能发生的事故风险、危害程度和影响范围,明确应急处置指导原则,制定相应的应急处置措施。

⑤应急保障

根据应急工作需求明确保障的内容。

（3）现场处置方案内容

①事故风险描述：简述事故风险评估的结果（可用列表的形式列在附件中）。

②应急工作职责：明确应急组织分工和职责。

③应急处置包括但不限于下列内容。

a.应急处置程序。根据可能发生的事故及现场情况，明确事故报警，各项应急措施启动，应急救护人员的引导、事故扩大及同生产经营单位应急预案的衔接程序。

b.现场应急处置措施。针对可能发生的事故从人员救护、工艺操作、事故控制、消防、现场恢复等方面制定明确的应急处置措施。

c.明确报警负责人以及报警电话及上级管理部门，相关应急救援单位联络方式和联系人员，事故报告基本要求和内容。

d.注意事项。包括人员防护和自救互救、装备使用、现场安全等方面的内容。

（4）附件

①生产经营单位概况。简要描述本单位地址、从业人数、隶属关系、主要原材料、主要产品、产量，以及重点岗位、重点区域、周边重大危险源、重要设施、目标、场所和周边布局情况。

②风险评估的结果。简述本单位风险评估的结果。

③预案体系与衔接。简述本单位应急预案体系构成和分级情况，明确与地方政府及其有关部门、其他相关单位应急预案的衔接关系（可用图示）。

④应急物资装备的名录或清单。列出应急预案涉及的主要物资和装备名称、型号、性能、数量、存放地点、运输和使用条件、管理责任人和联系电话等。

⑤有关应急部门、机构或人员的联系方式。列出应急工作中需要联系的部门、机构或人员及其多种联系方式。

⑥格式化文本。列出信息接报、预案启动、信息发布等格式化文本。

⑦关键的路线、标识和图纸，包括但不限于：

a.警报系统分布及覆盖范围；

b.重要防护目标、风险清单及分布图；

c.应急指挥部（现场指挥部）位置及救援队伍行动路线；

d.疏散路线、集结点、警戒范围、重要地点的标识；

e.相关平面布置、应急资源分布的图纸；

f.生产经营单位的地理位置图、周边关系图，附近交通图；

g.事故风险可能导致的影响范围图；

h.附近医院地理位置图及路线图。

⑧有关协议或者备忘录。列出与相关应急救援部门签订的应急救援协议或备忘录。

2.应急救援预案编制

根据《生产经营单位生产安全事故应急预案编制导则》（GB/T 29639—2020）规定，生产经营单位应急预案编制程序包括成立应急预案编制工作组、资料收集、风险评估、应急资源调查、应急预案编制、桌面推演、应急预案评审和批准实施8个步骤。

(1) 成立应急预案编制工作组

结合本单位职能和分工,成立以单位有关负责人为组长,单位相关部门人员(如生产、技术、设备、安全、行政、人事、财务人员)参加的应急预案编制工作组,明确工作职责和任务分工,制定工作计划,组织开展应急预案编制工作。预案编制工作组中应邀请相关救援队伍以及周边相关企业、单位或社区代表参加。

(2) 资料收集

应急预案编制工作组应收集下列相关资料:

①适用的法律法规、部门规章、地方性法规和政府规章、技术标准及规范性文件;

②企业周边地质、地形、环境情况及气象、水文、交通资料;

③企业现场功能区划分、建(构)筑物平面布置及安全距离资料;

④企业工艺流程、工艺参数、作业条件、设备装置及风险评估资料;

⑤本企业历史事故与隐患、国内外同行业事故资料;

⑥属地政府及周边企业、单位应急预案。

(3) 风险评估

开展生产安全事故风险评估,撰写评估报告,其内容包括但不限于:

①辨识生产经营单位存在的危险有害因素,确定可能发生的生产安全事故类别;

②分析各种事故类别发生的可能性、危害后果和影响范围;

③评估确定相应事故类别的风险等级。

(4) 应急资源调查

全面调查与客观分析本单位以及周边单位和政府部门可请求援助的应急资源状况,撰写《应急资源调查报告》,其内容包括但不限于:

①本单位可调用的应急队伍、装备、物资,场所;

②针对生产过程及存在的风险可采取的监测、监控、报警手段;

③上级单位、当地政府及周边企业可提供的应急资源;

④可协调使用的医疗,消防、专业抢险救援机构及其他社会化应急救援力量。

(5) 应急预案编制

①应急预案编制应当遵循以人为本、依法依规、符合实际、注重实效的原则,以应急处置为核心,体现自救互救和先期处置的特点,做到职责明确、程序规范、措施科学,尽可能简明化、图表化、流程化。

②应急预案编制工作包括但不限于:

a. 依据事故风险评估及应急资源调查结果,结合本单位组织管理体系、生产规模及处置特点,合理确立本单位应急预案体系;

b. 结合组织管理体系及部门业务职能划分,科学设定本单位应急组织机构及职责分工;

c. 依据事故可能的危害程度和区域范围,结合应急处置权限及能力,清晰界定本单位的响应分级标准,制定相应层级的应急处置措施;

d. 按照有关规定和要求,确定事故信息报告、响应分级与启动、指挥权移交、警戒疏散方面的内容,落实与相关部门和单位应急预案的衔接。

(6)桌面推演

按照应急预案明确的职责分工和应急响应程序,结合有关经验教训,相关部门及其人员可采取桌面演练的形式,模拟生产安全事故应对过程,逐步分析讨论并形成记录,检验应急预案的可行性,并进一步完善应急预案。

(7)应急预案评审

①评审形式

应急预案编制完成后,生产经营单位应按法律法规有关规定组织评审或论证。参加应急预案评审的人员可包括有关安全生产及应急管理方面的、有现场处置经验的专家。应急预案论证可通过推演的方式开展。

②评审内容

应急预案评审内容主要包括风险评估和应急资源调查的全面性、应急预案体系设计的针对性、应急组织体系的合理性、应急响应程序和措施的科学性、应急保障措施的可行性、应急预案的衔接性。

③评审程序

应急预案评审程序包括下列步骤。

a. 评审准备。成立应急预案评审工作组,落实参加评审的专家,将应急预案、编制说明、风险评估、应急资源调查报告及其他有关资料在评审前送达参加评审的单位或人员。

b. 组织评审。评审采取会议审查形式,企业主要负责人参加会议,会议由参加评审的专家共同推选出的组长主持,按照议程组织评审;表决时,应有不少于出席会议专家人数的三分之二同意方为通过;评审会议应形成评审意见(经评审组组长签字),附参加评审会议的专家签字表。表决的投票情况应以书面材料记录在案,并作为评审意见的附件。

c. 修改完善。生产经营单位应认真分析研究,按照评审意见对应急预案进行修订和完善。评审表决不通过的,生产经营单位应修改完善后按评审程序重新组织专家评审,生产经营单位应写出根据专家评审意见的修改情况说明,并经专家组组长签字确认。

(8)批准实施

通过评审的应急预案,由生产经营单位主要负责人签发实施。

6.2 有限空间作业事故应急演练

有限空间作业事故应急演练,是有限空间作业应急管理中的重点内容,应急演练应遵照《生产安全事故应急演练基本规范》(AQ/T 9007—2019)执行。

1. 应急演练目的、类型及工作原则

(1)应急演练目的

①检验预案:发现应急预案中存在的问题,提高应急预案的针对性、实用性和可操作性;

②完善准备:完善应急管理标准制度,改进应急处置技术,补充应急装备和物资,提高

应急能力；

③磨合机制：完善应急管理部门、相关单位和人员的工作职责，提高协调配合能力；

④宣传教育：普及应急管理知识，提高参演和观摩人员风险防范意识和自救互救能力；

⑤锻炼队伍：熟悉应急预案，提高应急人员在紧急情况下妥善处置事故的能力。

（2）应急演练分类

应急演练按照演练内容分为综合演练和单项演练；按照演练形式分为实战演练和桌面演练；按目的与作用分为检验性演练、示范性演练和研究性演练。不同类型的演练可相互组合。

（3）应急演练工作原则

应急演练应遵循以下原则：

①符合相关规定：按照国家相关法律法规、标准及有关规定组织开展演练；

②依据预案演练：结合生产面临的风险及事故特点，依据应急预案组织开展演练；

③注重能力提高：突出以提高指挥协同能力、应急处置能力和应急准备能力组织开展演练；

④确保安全有序：在保证参演人员、设备设施及演练场所安全的条件下组织开展演练。

2. 应急演练基本流程

应急演练基本流程包括计划、准备、实施、评估总结、持续改进五个阶段。

（1）计划

①需求分析

全面分析和评估应急预案、应急职责、应急处置工作流程和指挥调度程序、应急技能和应急装备、物资的实际情况，提出需通过应急演练解决的内容，有针对性地确定应急演练目标，提出应急演练的初步内容和主要科目。

②明确任务

确定应急演练的事故情景类型、等级、发生地域，演练方式，参演单位，应急演练各阶段主要任务，应急演练实施的拟定日期。

③制定计划

根据需求分析及任务安排，组织人员编制演练计划文本。

（2）准备

①成立演练组织机构

综合演练通常应成立演练领导小组，负责演练活动筹备和实施过程中的组织领导工作，审定演练工作方案、演练工作经费、演练评估总结以及其他需要决定的重要事项。演练领导小组下设策划与导调组、宣传组、保障组、评估组。根据演练规模大小，其组织机构可进行调整。

a. 策划与导调组：负责编制演练工作方案、演练脚本、演练安全保障方案，负责演练活动筹备、事故场景布置、演练进程控制和参演人员调度以及与相关单位、工作组的联络和协调。

b. 宣传组：负责编制演练宣传方案，整理演练信息，组织新闻媒体开展新闻发布。

c. 保障组：负责演练的物资装备、场地、经费、安全保卫及后勤保障。

d. 评估组：负责对演练准备、组织与实施进行全过程、全方位的跟踪评估；演练结束后，及时向演练单位或演练领导小组及其他相关专业组提出评估意见、建议，并撰写演练评估报告。

②编制文件。应急演练应编制以下文件。

a. 工作方案。演练工作方案按顺序应包括目的及要求、事故情景、参与人员及范围、时间与地点、主要任务及职责、筹备工作内容、主要工作步骤、技术支撑及保障条件、评估与总结。

b. 脚本。演练一般按照应急预案进行，按照应急预案进行时，根据工作方案中设定的事故情景和应急预案中规定的程序开展演练工作。演练单位根据需要确定是否编制脚本，主要内容应包括模拟事故情景、处置行动与执行人员、指令与对白、步骤及时间安排、视频背景与字幕、演练解说词等。

c. 评估方案。演练评估方案包括演练信息、评估内容、评估标准、评估程序、附件等内容。

d. 保障方案。演练保障方案应包括应急演练可能发生的意外情况、应急处置措施及责任部门、应急演练意外情况中止条件与程序。

e. 观摩手册。根据演练规模和观摩需要，可编制演练观摩手册。演练观摩手册通常包括应急演练时间、地点、情景描述、主要环节及演练内容、安全注意事项。

f. 宣传方案。编制演练宣传方案，明确宣传目标、宣传方式、传播途径、主要任务及分工、技术支持。

③工作保障。根据演练工作需要，做好演练的组织与实施需要相关保障条件。保障条件主要内容如下。

a. 人员保障：按照演练方案和有关要求，确定演练总指挥、策划导调、宣传、保障、评估、参演人员参加演练活动，必要时设置替补人员。

b. 经费保障：明确演练工作经费及承担单位。

c. 物资和器材保障：明确各参演单位所准备的演练物资和器材。

d. 场地保障：根据演练方式和内容，选择合适的演练场地；演练场地应满足演练活动需要，应尽量避免影响企业和公众正常生产、生活。

e. 安全保障：采取必要安全防护措施，确保参演、观摩人员以及生产运行系统安全。

f. 通信保障：采用多种公用或专用通信系统，保证演练通信信息通畅。

g. 其他保障：提供其他保障措施。

(3) 实施

①现场检查。确认演练所需的工具、设备、设施、技术资料以及参演人员到位。对应急演练安全设备、设施进行检查确认，确保安全保障方案可行，所有设备、设施完好，电力、通信系统正常。

②演练简介。应急演练正式开始前，应对参演人员进行情况说明，使其了解应急演练规则、场景及主要内容、岗位职责和注意事项。

③启动。应急演练总指挥宣布开始应急演练，参演单位及人员按照设定的事故情景，

参与应急响应行动,直至完成全部演练工作。演练总指挥可根据演练现场情况,决定是否继续或中止演练活动。

④执行。按照应急演练工作方案,开始应急演练,有序推进各个场景,开展现场点评,完成各项应急演练活动,妥善处理各类突发情况,宣布结束与意外终止应急演练。实战演练执行主要按照以下步骤进行。

a. 演练策划与导调组对应急演练实施全过程的指挥控制。

b. 演练策划与导调组按照应急演练工作方案(脚本)向参演单位和人员发出信息指令,传递相关信息,控制演练进程;信息指令可由人工传递,也可用对讲机、电话、手机、传真机、网络方式传送,或者通过特定声音、标志与视频呈现。

c. 演练策划与导调组按照应急演练工作方案规定程序,熟练发布控制信息,调度参演单位和人员完成各项应急演练任务;应急演练过程中,执行人员应随时掌握应急演练进展情况,并向领导小组组长报告应急演练中出现的各种问题。

d. 各参演单位和人员,根据导调信息和指令,依据应急演练工作方案规定流程,按照发生真实事件时的应急处置程序,采取相应的应急处置行动。

e. 参演人员按照应急演练方案要求,做出信息反馈。

f. 演练评估组跟踪参演单位和人员的响应情况,进行成绩评定并做好记录。

⑤演练记录。演练实施过程中,安排专门人员采用文字、照片和音像手段记录演练过程。

⑥中断。在应急演练实施过程中,出现特殊或意外情况,短时间内不能妥善处理或解决时,应急演练总指挥按照事先规定的程序和指令中断应急演练。

⑦结束。完成各项演练内容后,参演人员进行人数清点和讲评,演练总指挥宣布演练结束。

(4)评估总结

①评估

评估是应急演练的重要环节,应成立专门的评估小组,确定相应的评估人员以确保评估工作的有序进行。评估小组和评估人员应由应急管理方面专家和相关领域专业技术人员或相关方代表组成,规模较大,演练情景和参演人员较多或实施程序复杂的演练,可设多级评估,并确定总体负责人及各小组负责人。具体内容见《生产安全事故应急演练评估规范》(AQ/T 9009—2015)。

②总结

a. 撰写演练总结报告。应急演练结束后,演练组织单位应根据演练记录、演练评估报告、应急预案、现场总结材料,对演练进行全面总结,并形成演练书面总结报告。报告可对应急演练准备、策划工作进行简要总结分析。参与单位也可对本单位的演练情况进行总结。演练总结报告的主要内容:演练基本概要、演练发现的问题、取得的经验和教训、应急管理工作建议等。

b. 演练资料归档。应急演练活动结束后,演练组织单位应将应急演练工作方案,应急演练书面评估报告、应急演练总结报告文字资料,以及记录演练实施过程的相关图片、视频、音频资料归档保存。

(5)持续改进

①应急预案修订完善。根据演练评估报告中对应急预案的改进建议,按程序对预案进行修订完善。

②应急管理工作改进。

a.应急演练结束后,演练组织单位应根据应急演练评估报告,总结报告提出的问题和建议,对应急管理工作(包括应急演练工作)进行持续改进。

b.演练组织单位应督促相关部门和人员,制定整改计划,明确整改目标,制定整改措施,落实整改资金,并跟踪督查整改情况。

3. 应急救援设备、物资的配备

应急救援设备是开展救援工作的重要基础。有限空间作业事故应急救援设备主要包括但不限于便携式气体检测报警仪、大功率机械通风设备、照明工具、通信设备、正压式空气呼吸器或高压送风式长管呼吸器、安全帽、全身式安全带、安全绳、有限空间进出及救援系统。这些设备同时也可用于有限空间作业,因此各单位应在充分了解有限空间作业风险后,尽量将作业的安全防护设备设施按照应急救援装备要求进行配置,以便在发生事故之后,及时用于应急救援。

6.3 有限空间作业事故应急救援实施

1. 有限空间作业应急救援方式

出现险情,首先考虑避险自救,如果作业人员自救逃生失败,应根据实际情况采取进入式救援或非进入式救援。

(1)避险自救

当作业过程中出现异常情况时,作业人员在还具有自主意识的情况下,应采取积极主动的自救措施。作业人员可使用紧急逃生呼吸器等救援设备逃生,提高自救成功效率。

(2)非进入式救援

非进入式救援是指救援人员在有限空间外,借助相关设备与器材,安全快速地将有限空间内受困人员移出有限空间的一种救援方式。非进入式救援能有效地控制伤亡扩大,是一种相对安全的救援方式,但需至少同时满足以下两个条件:

①有限空间内受困人员佩戴了全身式安全带,且通过安全绳索与有限空间外的挂点可靠连接;

②有限空间内受困人员所处位置与有限空间进出口之间通畅、无障碍物阻挡。

(3)进入式救援

进入式救援风险很大,一旦救援人员防护不当,极易出现伤亡扩大。因此,实施进入式救援时,应以救援人员自身的生命安全为第一前提。实施进入时救援应同时满足以下条件:

①受困人员未佩戴全身式安全带,也无安全绳与有限空间外部挂点连接,或受困人员所处位置无法实施非进入式救援;

②应急物资、设备准备充足,且已经过检查合格;

③救援人员应具备有限空间作业相应资质;

④救援人员充分掌握应急救援预案内容,且参与过应急救援演练;

⑤救援人员自身状态稳定,无疾病;

⑥无其他可能造成人员伤亡扩大或阻碍应急救援的情况。

采取进入式救援时,救援人员必须按照有限空间作业安全作业流程中的规定,配备相应的个人防护。同时,救援人员还应该根据事故实际情况携带相应设备供受困人员使用,包括但不限于安全帽、全身式安全带、安全绳、紧急逃生呼吸器。由于实施救援对救援人员体力以及临场应变能力要求较高,在保证救援效率的同时,实施进入式救援应以 2 人以上为宜。

实施救援时还应注意避免受困人员受到二次伤害,如磕碰、坠落等情况。当现场具备自主救援条件时,严禁强行施救,应及时拨打急救电话 119 和 120,寻求专业救援力量开展救援工作。

②应急救援物资

应急救援物资应满足日常作业的配置要求和发生事故时的急救处置,包括但不限于:防暑解暑物资、矿泉水、食品、医疗急救箱、自动体外除颤器(AED)。

2. 有限空间应急救援日常准备

(1)风险辨识

生产经营单位按照有关法规标准要求,对本单位有限空间作业风险进行辨识,确定有限空间数量、位置以及危险有害因素等,对辨识出的有限空间,设置明显的安全警示标志和警示说明,警示说明包括辨识结果、个体防护要求、应急处置流程等内容。

(2)预案编制

根据风险辨识结果,生产经营单位组织编制本单位有限空间作业事故应急预案或现场处置方案(应急处置卡),或将有限空间作业事故专项应急预案并入本单位综合应急预案,明确人员职责,确定事故应急处置流程,落实救援装备和相关内外部应急资源。应急预案与相关部门和单位应急预案衔接,并按照有关法规标准要求通过评审或论证。

(3)应急演练

生产经营单位将有限空间作业事故应急演练纳入本单位应急演练计划,组织开展桌面推演、现场实操等形式的演练,提高有限空间作业事故应急救援能力。应急演练结束后,对演练效果进行评估,撰写评估报告,分析存在的问题,提出改进措施,修订完善应急预案或现场处置方案(应急处置卡)。

(4)装备配备

生产经营单位针对本单位有限空间危险有害因素及作业风险,配备符合国家法规制度和标准规范要求的应急救援装备,如便携式气体检测报警仪、正压式空气呼吸器、安全带、安全绳和医疗急救器材等,建立管理制度加强维护管理,确保装备处于完好可靠状态。

(5)教育培训

生产经营单位将有限空间作业事故安全施救知识技能培训纳入本单位安全生产教育培训计划,定期开展有针对性的有限空间作业风险、安全施救知识、应急救援装备使用和应急救援技能等教育培训,确保有限空间作业现场负责人、监护人员、作业人员和救援人员了解和掌握有限空间作业危险有害因素和安全防范措施、应急救援装备使用、应急处置措施等。

3. 有限空间救援前应急准备

(1)明确应急处置措施

生产经营单位对作业环境进行评估,检测和分析存在的危险有害因素,明确本次有限空间作业应急处置措施并纳入作业方案,确保作业现场负责人、监护人员、作业人员、救援人员了解本次有限空间作业的危险有害因素及应急处置措施。

(2)确定联络信号

作业现场负责人会同监护人员、作业人员、救援人员根据有限空间作业环境,明确声音、光、手势等一种或多种作为安全、报警、撤离、支援的联络信号。有条件的可以使用符合当前作业安全要求的即时通信设备,如防爆对讲机等。

(3)检查装备

结合有限空间辨识情况,作业前,救援人员正确选用应急救援装备,并检查确保处于完好可用状态,发现存在问题的应急救援装备,立即修复或更换。

4. 应急救援的程序

应急救援的程序如图 6.1 所示。

(1)信息报告

事故发生后,作业现场负责人、监护人员立即停止作业,了解受困人员状态,组织开展安全施救,禁止未经培训、未佩戴个体防护装备的人员进入有限空间施救。作业现场负责人及时向本单位报告事故情况,单位负责人按照有关规定报告事故信息,必要时拨打"119""120"电话报警或向其他专业救援力量求救,拨打"119""120"电话有以下注意事项。

①保持冷静,迅速拨打 119(消防电话)或 120(急救电话)。

②接通后,立即说明紧急情况,例如:"你好,我在×××区,我们在进行污水管道清淤作业时,有 1 名作业人员遇险,目前已经失去联系。现场检测到可燃性气体超标,氧气浓度过低,导致人员缺氧昏迷。"(说明具体原因,以便救援人员开展有针对性的救援准备工作)

③提供确切的地点,如街道名称、建筑名称、门牌号码、描述周边特征物等。(说清楚具体地点,以便救援人员准确到达事故现场)

④告知接线员遇险人员的具体状况,如是否还有意识、是否有呼吸等。

⑤告知接线员现场是否有其他人员,以及他们的安全状况。

⑥提供自己的姓名和联系电话,以便救援人员到达现场后能及时与你联系。

⑦遵循接线员的指示,他们可能会提供进一步的紧急措施建议或指导救援人员到达的路线。

⑧在等待救援人员到达的过程中,务必保持电话畅通,以便接线员或救援人员随时与

第6章 有限空间作业应急管理和现场急救

您联系。同时,如果现场有其他人员,请他们同时拨打求救电话,以增加救援力量。在确保自身安全的前提下,尽量提供现场援助。

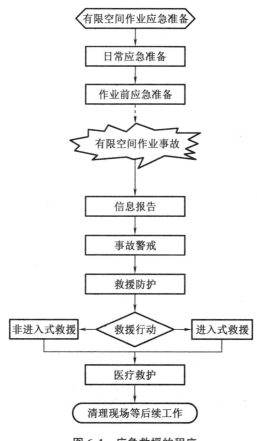

图6.1 应急救援的程序

(2)事故警戒

作业现场负责人、监护人员根据救援需要设置警戒区域(包括通风排放口),设立明显警示标志,严禁无关人员和车辆进入警戒区域。

(3)救援防护

①个体防护。救援人员必须正确穿戴个体防护装备开展救援行动。

②安全隔离。有限空间内存在可能危及救援人员安全的设备设施、有毒有害物质输入、电能、高温物料及其他危险能量输入等情况,采取可靠的隔离(隔断)措施。

③持续通风。使用机械通风设备向有限空间内输送清洁空气,通风排放口远离作业处,直至救援行动结束。当有限空间内含有易燃易爆气体或粉尘时,使用防爆型通风设备;含有毒有害气体时,通风排放口采取有效隔离防护措施。

(4)救援行动

事故发生后,被困人员积极主动开展自救互救,配合救援人员实施救援行动,救援人员针对被困人员所处位置、身体状态、个体防护装备穿戴等不同情况,采取非进入式救援或者进入式救援的应急救援行动。

(5) 保持联络

救援人员进入有限空间实施救援行动过程中,按照事先明确的联络信号,与外部人员进行有效联络,并保持通信畅通。

(6) 轮换救援

救援人员进入有限空间实施救援持续时间较长时,应实施轮换救援,保持救援人员体力充沛,能够持续开展救援行动。

(7) 撤离危险区域

出现可能危及救援人员安全的情况,救援人员立即撤离危险区域,安全条件具备后再进入有限空间内实施救援。

(8) 医疗救护

被困人员救出后,立即移至通风良好处,具有医疗救护资质或具备急救技能的人员,及时采取正确的院前医疗救护措施,并迅速送医治疗。

(9) 清理现场等后续工作

救援行动基本结束后,及时清点核实现场人员、装备,清理事故现场残留的有毒有害物质,同时尽可能保护事故现场,便于后续事故调查及救援评估。必要时开展事故现场环境检测和人员、装备洗消,对参与救援行动人员进行健康检查。

生产经营单位参考本指南,结合实际制定本单位有限空间作业事故安全施救操作规程。

5. 心脏骤停急救

受困人员救出后应立刻进行现场的急救处置,这是应急救援中的关键环节。对于尚有意识且只受到轻微外伤的人员,应进行相应的医疗处理并安抚其情绪。对于受到较大外伤的人员,在无专业医护人员指导的情况下,切勿盲目实施治疗,以免伤害扩大。对于因中毒、窒息等情况而失去意识发生心脏骤停的人员,应及时实施心肺复苏术,本节将重点介绍心肺复苏术的实施过程。

(1) 心脏骤停与心肺复苏术概述

心脏骤停是指心脏射血功能的突然终止,大动脉搏动与心音消失,重要器官如脑严重缺血、缺氧,导致生命终止。心脏骤停导致的死亡,其产生原因有自然疾病和非自然疾病两种。自然疾病主要有心脏疾病等,而非自然疾病主要有气道异物、窒息、溺水、感染、中毒等。在发生心脏骤停之后,受害人员会在 4 min 左右时出现脑水肿,6 min 左右出现脑死亡,8 min 左右永久失去生命。对于心脏骤停的受害人员,最佳的救治时间是发生心脏骤停后的 4~8 min,而在这段时间内实施的最佳救治方法便是心肺复苏术(CPR)。

心肺复苏术,是针对骤停的心脏和呼吸采取的急救技术,目的是恢复患者自主呼吸和自主循环。

在心肌梗死、溺水、触电、中毒窒息等紧急状况下,能否在至关重要的第一时间对患者实施心肺复苏,争取宝贵的黄金 4 min 治疗,是决定患者生命安全的关键因素。这一急救措施的重要性不容忽视,它能够在专业医疗人员到达前,为患者维持生命体征,极大地提高生存概率。

(2) 识别心脏骤停的步骤

在将失去意识的受害人员转移到安全位置之后,应首先判断受害者是否发生心脏骤停。识别步骤如下。

① 轻拍人员的双肩,大声呼喊,观察有无应答。

② 解开人员的衣领、领带以及拉链,将人员摆放至平坦的地面或硬板床上。

③ 迅速将人员摆成仰卧位,如图 6.2 所示。翻身时整体转动,注意保护颈部,保持其身体平直、无扭曲。此时抢救者应跪在人员一侧。

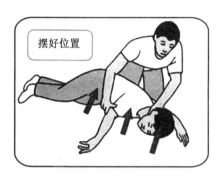

图 6.2 将人员摆成仰卧位

④ 通过触摸颈动脉搏动判断心跳。颈动脉位置为气管与胸锁乳突肌之间的沟内。用右手的中指和食指从气管正中环状软骨划向近侧颈动脉搏动处(数 1001,1002,1003,1004,1005,…判断 5 s 以上 10 s 以下)如图 6.3 所示。观察病人胸部起伏 5~10 s(1001,1002,1003,1004,1005,…)。5~10 s 均无明显恢复迹象,即可判断无呼吸、脉搏无搏动,应立即呼叫 120 并采取心肺复苏术。

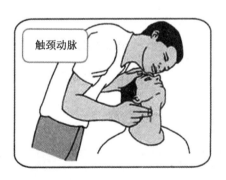

图 6.3 判断人员呼吸及脉搏

(3) 及时拨打 120 并正确表述信息

流程公式:拨通 120+精准表述人员目前的基本情况(诱因、症状等)+描述人员所处的准确位置并留下联系人电话号码+提醒医务人员携带除颤仪。

(4) 心肺复苏术

心肺复苏术主要包括胸外按压、打开气道以及人工呼吸。

①胸外按压要点

a. 按压的部位应为胸骨中下 1/3 交界处,即双乳头连线与前正中线交界处,如图 6.4 所示。可使用快速定位法进行按压位置的定位,抢救者将中指对准人员乳头,掌根位置即为按压位置,如图 6.4、图 6.5 所示。

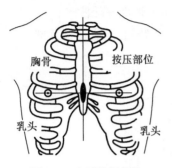

图 6.4　心脏按压部位

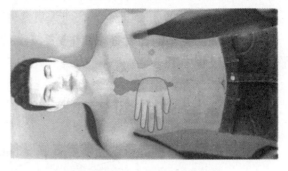

图 6.5　快速定位按压位置

b. 按压的姿势应保持双膝跪地,与人员肩部相平,双腿与肩同宽。双肘关节伸直,借臂、肩和上半身体重的力量垂直向下按压,如图 6.6 所示。

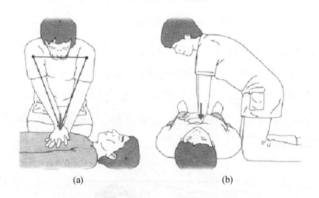

图 6.6　心肺复苏按压姿势

c. 按压的幅度应至少 5 cm,5~6 cm 最佳,如图 6.7 所示。

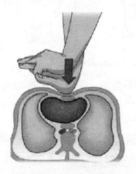

(a)心肺复苏垂直按压

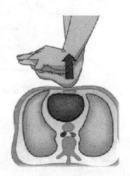

(b)胸廓充分回弹

图 6.7　心肺复苏按压过程

d.按压的频率应是 100~120 次每分钟,以每次按压后使胸廓充分回弹为 1 次充分按压。

②打开气道要点

a.清理口腔:双手抱双耳,头偏向一侧,清除呼吸道杂物:假牙、呕吐物、血液等(外伤怀疑颈椎骨折时禁用),如图 6.8 所示。

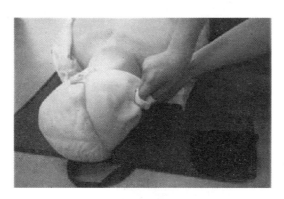

图 6.8　清理受伤人员口腔

b.开放气道:若无颈部创伤,一般采用仰头抬颌法开放气道。即操作者将一手置于患者前额使头向后仰,另一手的食、中两指抬起下颌,使下颌角与耳垂的连线与地面呈垂直状态,保持气道通畅,如图 6.9 所示。

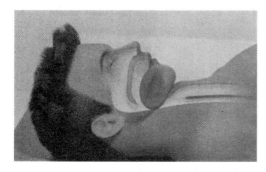　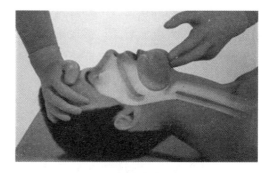

(a)气道开放前　　　　　　　　　　　(b)气道开放后

图 6.9　开放气道过程

③人工呼吸要点

开放气道后,进行两次人工呼吸,每次持续吹气时间不少于 1 s。在确保气道通畅时,操作者左手的拇指与食指捏住患者鼻孔,吸一口气,用口唇完全包绕病人的嘴部,然后缓慢吹气,观察患者有无胸廓起伏,确保足量的气体进入患者肺部。每次吹毕即将口移开,患者凭借胸部弹性收缩被动完成呼气。

吹气量以能看见患者胸廓起伏即可。按压和通气的比例为 30∶2。交替进行。对于婴儿和儿童,按压和通气的比例可为 15∶2。人工呼吸操作如图 6.10 所示。

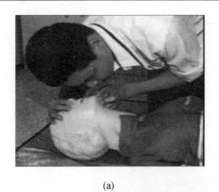
(a)
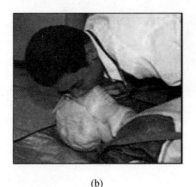
(b)
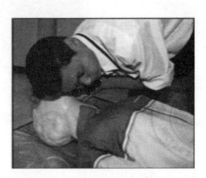
(c)

图 6.10　人工呼吸示意图

④再次评估自主心跳及呼吸

按照 30 次胸外按压，2 次人工呼吸，30∶2 的频率进行 5 个循环，约 2 min 后进行评估，通过触摸颈动脉搏动，看、听、感觉呼吸的方法，判定自主心跳及呼吸是否恢复，评估在 10 s 内完成。

⑤电除颤

如及时取来除颤仪，患者为可颤心律，室颤或无脉性室速，应尽早除颤。除颤完成后，患者如未恢复自主心跳，继续进行胸外按压。

⑥如何判断 CPR 有效

a.脉搏恢复：患者双侧颈动脉的搏动恢复表明患者自主循环恢复。

b.瞳孔反射正常：患者双侧瞳孔由大逐渐缩小，而且对光反射存在。

c.口唇红润：患者口唇以及甲床的颜色由紫绀逐渐转变为红润。

d.测量血压：收缩压大于 60 mmHg(1 mmHg=133 Pa)以上。

e.神志恢复正常：发生呼吸心搏骤停后，处于昏迷状态、呼之不应、意识丧失，自主循环建立和恢复后，神志逐渐苏醒，四肢可指定活动。

f.恢复自主呼吸：患者恢复自主呼吸、胸廓有起伏，而且经鼻腔有气流呼出。

⑦心肺复苏的终止

出现下列情况时，可停止心肺复苏：

a.人员恢复自主呼吸和心跳；

b.在现场复苏时有专业急救人员到场接手；

c. 经医务人员确定人员已死亡。

若人员恢复自主呼吸和心跳但仍处于昏迷,应将其头偏向一侧,防止呕吐物、分泌物堵塞呼吸道。

当意外伤病或伤害发生时,专业队伍到达群众身边救援总有一个过程,而这个过程,正是救命的关键时间。只要每一名公众积极行动起来,学习掌握一定的卫生应急技能,通过自救互救,有效利用这 4 min 的"黄金救命时间",就可以维护好生命,为专业救援争取时间。

6. 外伤处理

(1) 初步处理

第一步应该用无菌生理盐水清洗伤口,将伤口表面的泥土、沙子清洗掉;比较浅的伤口一般情况下不用处理,比较深的伤口最好再用过氧化氢消毒,然后用无菌凡士林纱布包扎。碘伏、酒精只能在伤口周围的皮肤进行消毒,不可以涂在伤口上,否则会引起剧烈疼痛。另外在一周之内避免伤口碰水,否则会影响伤口的愈合。

(2) 包扎技术

现场急救中,包扎是对外伤进行现场应急处理的关键措施之一。其目的主要包括止血,以防止过多出血,减少感染的风险,保护伤口不受外部污染,临时固定受伤部位以减少疼痛和进一步的损伤,以及促进伤口的愈合。正确的包扎方法能够显著提高伤者的生存质量,并为后续的专业医疗救治赢得宝贵时间。包扎按照以下原则和步骤开展。

①实施救护前,查看周围环境,确保自身安全,防止伤员二次伤害。

②动作要快、准、轻、牢。

③尽可能戴医用手套,做好自我防护;如必须用裸露的手进行伤口处理,在处理前后,用肥皂清洗双手。

④所有包扎先用无菌或干净的敷料覆盖伤口;所有包扎要求敷料不外露、包扎牢固、松紧适宜;不要在伤口上用消毒剂或药物。

⑤包扎四肢应自远心端开始,露出趾端;骨隆处或凹陷处应垫好衬垫。包扎示意图如图 6.11 所示。

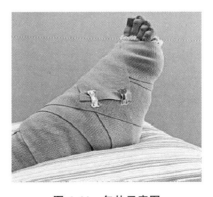

图 6.11 包扎示意图

⑥不要对嵌有异物或骨折断端外露的伤口直接包扎(图6.12),不要试图复位突出伤口的骨折端。

图6.12 突出伤口的骨折不宜复位和直接包扎

⑦离断肢体的处理:断肢不能水洗、酒精浸泡等,应用干净的毛巾、布料等包裹,放入塑料袋里,天热时周围放冰块,并快速(6 h内)送最近有条件的医院。

第7章　有限空间安全作业设备设施

7.1　气体检测报警仪

1. 气体检测报警仪的原理与分类

(1) 气体检测报警仪的工作原理

气体检测报警仪采用电化学传感器以扩散方式或泵吸方式直接与环境中被测气体反应产生线性电压信号。电路由多块集成电路构成,信号经放大、A/D 转换、暂存处理后,在液晶屏上直接显示所测气体浓度值。当气体浓度达到预先设置的报警值时,蜂鸣器和发光二极管将发出声光、震动器发出振动报警信号。

安装在现场的探测器由控制器供电工作。当发生气体浓度超标时,传感器将气体浓度转换成相应的电压信号输出,电信号经探测器处理后上传至控制器,控制器接收之后将数据解析并显示在屏幕上。当浓度达到设定的动作值时,控制器发出报警并驱动外接报警设备。

(2) 气体检测报警仪的分类

根据《作业场所环境气体检测报警仪通用技术要求》(GB 12358—2006)规定,气体检测报警仪有如下分类。

① 按检测对象分类:可燃气体检测报警仪、有毒气体检测报警仪、氧气检测报警仪。
② 按使用方式分类:便携式、固定式。
③ 按使用场所分类:非防爆型、防爆型。
④ 按功能分类:气体检测仪、气体报警仪、气体检测报警仪。
⑤ 按采样方式分类:扩散式、泵吸式。
⑥ 按供电方式分类:干电池、充电电池、电网供电。
⑦ 按工作方式分类:连续工作式、单次工作式。
⑧ 按可检测气体的数量分类:单一式、复合式。

2. 有限空间常用气体检测报警仪以及使用要求

(1) 有限空间常用气体检测报警仪

有限空间作业主要使用便携、复合式气体检测报警仪(以下简称气体检测报警仪)。气体检测报警仪具有体积小、质量小、便于携带或移动的特点,并且由于其复合的传感器可以检测多种气体,因此可以满足大多数有限空间环境的作业需求。气体检测报警仪通常包含可显示的液晶屏、报警指示灯、充电口、用于设置报警值的按键及气体传感器,如图 7.1 所示。

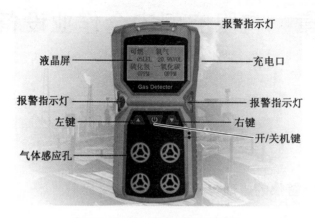

图 7.1 常见气体检测报警仪结构

气体检测报警仪包含两种,分别是泵吸式气体检测报警仪和扩散式气体检测报警仪,通常这两种气体检测报警仪可检测四种气体,所以也可称之为四合一复合式气体检测报警仪。

①泵吸式气体检测报警仪

泵吸式气体检测报警仪采用一体化或者外置吸气泵,如图 7.2 所示。通过采气管将气体吸入检测仪中进行远距离检测。其适合用于作业前在有限空间外检测有限空间内不同部门有毒有害气体浓度是否超标。

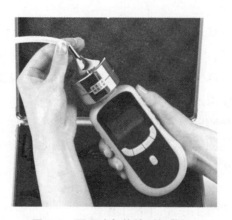

图 7.2 泵吸式气体检测报警仪

②扩散式气体检测报警仪

扩散式气体检测报警仪利用被测气体自然扩散到检测仪的传感器进行检测,如图 7.3 所示。其适合有限空间作业人员随身携带,作业过程中实时检测。它适用于矿井、消防、有限空间、化工、环保等场所。

图 7.3 扩散式气体检测报警仪

③四合一复合式气体检测报警仪

上述两种气体检测仪均可在市面上购买。若无定制需求,常见可检测氧气、可燃性气体、硫化氢和一氧化碳四种气体。

(2)使用要求

气体检测报警仪在使用时应注意以下事项。

①设备标准:符合《作业场所环境气体检测报警仪通用技术要求》(GB 12358—2006)的规定,检测范围、检测报警精度满足工作要求。泵吸式气体检测报警仪要确保采样泵、采样管完好。

②定期检定:每年至少送专业检测检验机构检定或校准1次。

③正确使用:

a. 外观检查合格;

b. 在洁净空气环境开机,确认"零点"正常;

c. 数据异常应先手动"调零";

d. 用完在洁净环境中待数据归零后关机。

④注意检测干扰。某些气体的存在或浓度高低影响传感器正常工作。如氧气含量不足影响可燃气浓度检测,因此测可燃气时一定要测量伴随的氧气含量。

⑤注意传感器寿命:不同传感器使用寿命不同,氧气传感器寿命最短(1年左右),应及时更换传感器。

⑥报警值设置合理:浓度超标提示及时,有充分时间采取防护措施。

⑦检测仪的浓度检测范围:

a. 超出范围检测结果不准;

b. 长时间超出浓度检测可能损坏传感器。

(3)现场作业气体检测报警仪配置要求

每个作业现场应配置1台泵吸式气体检测报警仪。每名作业人员应配置1台扩散式气体检测报警仪。

7.2 呼吸防护用品

1. 呼吸防护用品的作用以及分类

(1)呼吸防护用品的作用

有限空间作业环境常常是十分恶劣的,充满了各种有毒有害气体、粉尘、蒸气、烟、雾等,人体一旦吸入这些物质,有极大可能造成缺氧窒息、中毒,严重可危害人体机能或导致死亡。呼吸防护用品可防御这些物质直接被作业人员从呼吸道吸入,保证作业人员在有限空间环境内正常作业以及逃生。

(2)呼吸防护用品的分类

根据《呼吸防护用品的选择、使用与维护》(GB/T 18664—2022)规定,个体呼吸用品有如下分类。

①按呼吸防护方法分:隔绝式、过滤式;
②按供气方式分:供气式和携气式;
③按吸气环境分:正压式和负压式;
④按呼吸器官防护程度:密合型面罩、开放型面罩、送气头罩。

为满足有限空间复杂的作业环境,以及作业人员的自救逃生和外部救援人员的进入式施救,通常有限空间作业应配备三种呼吸防护用品,分别是送风式长管呼吸器、自给开路式压缩空气呼吸器和自给开路式压缩空气逃生呼吸器。

2. 送风式长管呼吸器

送风式长管呼吸器主要通过长管输送清洁空气至作业人员所佩戴的隔离式面罩,主要用于作业人员较长或长时间进入有限空间作业,也可用于有限空间应急救援。

(1)送风式长管呼吸器的结构

有限空间常用的送风式长管呼吸器应包含密合面罩、导气管、固定腰带、低压长管、送风机五个部分,如图7.4所示。

送风式长管呼吸器根据供气方式,亦可分为两种,连续送风式和高压送风式[图7.5(a)]。其中连续送风式,根据送风机器的不同又可分为电动送风式[图7.5(b)]和空压机送风式[图7.5(c)]。

(2)送风式长管呼吸器的配置

送风式长管呼吸器的配置应符合以下要求:
①作业时间较长时,可选择高压送风式长管呼吸器;
②作业时间长或劳动强度高,选择可持续供电的连续送风式长管呼吸器;
③在配备辅助逃生防护用品前提下,可选择连续或高压送风式长管呼吸器;
④气体检测结果符合要求,但作业过程中可能缺氧或有毒有害气体、蒸气浓度可能突然升高的,每名作业人员应配置1套送风式长管呼吸器;

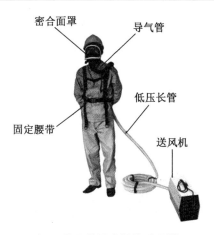

图 7.4 常见送风式长管呼吸器

(a) 高压送风式

(b) 电动送风式

(c) 空压机送风式

图 7.5 常见送风式长管呼吸器

⑤因特殊工艺要求氧含量不能达到 19.5% 的,每名作业人员应配置 1 套送风式长管呼吸器或自给开路式压缩空气呼吸器。

(3)送风式长管呼吸器使用注意事项

①送风式长管呼吸器在使用前应进行如下检查:

a. 面罩:是否完好,无破损,包括边缘、进气阀、呼气阀、头带、视窗;

b. 气管:观察导气管、长管是否有孔洞或裂缝,连接点是否完好;

c. 风管:风管是否完好、无破损、风管长度应能适应有限空间作业;

d. 风机:接电开启后风机正常运转,气路通畅。

②必须有专人在现场安全监护,防止长管被压、被踩、被折弯、被破坏。吸风口必须放置在空气清新、无污染的场所。使用空压机作为气源时,空压机的出口应设置空气过滤器,内装活性炭、硅胶、泡沫塑料等,以清除油水和杂质。

3. 自给开路式压缩空气呼吸器

自给开路式压缩空气呼吸器,又称正压式呼吸器,通过携带的压缩空气罐输送新鲜空气给使用人员,由于没有送气管的限制,该呼吸器可用于长距离的有限空间作业,更常用于有限空间应急救援。

(1)自给开路式压缩空气呼吸器的结构

有限空间常用的自给开路式压缩空气呼吸器由面罩、供气阀、压力表报警哨、肩带、气瓶、快速接头、带箍、气瓶阀、减压器、背托、腰带组成,如图7.6所示。

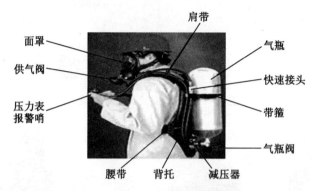

图7.6 自给开路式压缩空气呼吸器

(2)自给开路式压缩空气呼吸器的配置

①气体检测结果符合要求,但作业过程中可能缺氧或有毒有害气体、蒸气浓度可能突然升高的,每名作业人员应配置1套自给开路式压缩空气呼吸器。

②因特殊工艺要求,氧含量不能达到19.5%的,每名作业人员应配置1套送风式长管呼吸器或自给开路式压缩空气呼吸器。

注:相同情况下,送风式长管呼吸器与自给开路式压缩空气呼吸器只需任选一套配置即可。

(3)自给开路式压缩空气呼吸器使用注意事项

①自给开路式压缩空气呼吸器使用前应配合压力表(图7.7)进行相应的检查:

图7.7 自给开路式压缩空气呼吸器压力表

  a.检查整体外观是否良好,气瓶有效期等;
  b.检查气瓶压力是否满足作业需要(绿色区域);
  c.检查报警设施是否正常,压力降到红色区域时应报警[(5.5±0.5)MPa];

d. 检查气密性。

②注意事项：

a. 使用者应经过专业培训,熟悉使用方法及安全注意事项；

b. 空气呼吸器应由两人协同使用,即一人穿戴,一人辅助穿戴；

c. 气瓶充气应由有资质的单位执行,禁止私自充气,每三年应送检一次；

d. 使用过程中,报警器起鸣或气瓶压力低于 5.5 MPa 时,应立即撤离；

e. 平时应由专人负责保管、保养、检查,未经授权的单位和个人无权拆、修空气呼吸器。

③自给开路式压缩空气呼吸器使用

a. 佩戴时,先将快速接头断开(以防在佩戴时损坏全面罩),然后将背托在人体背部(空气瓶开关在下方),根据身材调节好肩带、腰带并系紧,以合身、牢靠、舒适为宜。

b. 把全面罩上的长系带套在脖子上,使用前全面罩置于胸前,以便随时佩戴,然后将快速接头接好。

c. 将供给阀的转换开关置于关闭位置,打开空气瓶开关。

d. 戴好全面罩(可不用系带)进行 2~3 次深呼吸,应感觉舒畅。屏气或呼气时,供给阀应停止供气,无"咝咝"的响声。用手按压供给阀的杠杆,检查其开启或关闭是否灵活。一切正常时,将全面罩系带收紧,收紧程度以既要保证气密又感觉舒适、无明显的压痛为宜。

4. 自给开路式压缩空气逃生呼吸器

自给开路式压缩空气逃生呼吸器(简称紧急逃生呼吸器)主要用于应对意外情况(如有毒有害气体突然释放或突发性缺氧),以帮助作业人员自行逃生。

(1)紧急逃生呼吸器的结构

有限空间作业所使用的紧急逃生呼吸器,通常由隔绝式面罩、钢制导气瓶、导气管组成,如图 7.8 所示。导气瓶应有显示气瓶压力的仪表以及气瓶有效期。其额定防护时间分为 10 min、15 min、20 min、30 min 四个等级。

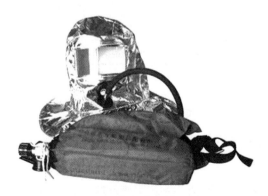

图 7.8　紧急逃生呼吸器

(2)紧急逃生呼吸器的配置

紧急逃生呼吸器配置情况应符合以下要求：

①初次气体检测结果符合要求,且作业过程中氧气和有毒有害气体、蒸气浓度值保持

稳定的,每名作业人员应尽可能配置1套逃生呼吸器;

②初次气体检测结果不符合要求,进入前气体检测结果符合要求,且作业过程中氧气和有毒有害气体、蒸气浓度值保持稳定的,每名作业人员应配置1套逃生呼吸器。

(3)紧急逃生呼吸器的检查与使用

①携带前检查

紧急逃生呼吸器在携带进入有限空间作业现场前应对面罩的完好性、气密性进行检查,气瓶压力应满足要求,且气瓶应在有效期内。

②使用

作业人员配备紧急逃生呼吸器时,必须随身携带,不可随意放置。打开紧急逃生呼吸器后,呼吸器会自动开始运行。不同紧急逃生呼吸器供气时间不同,选择时应考虑逃生距离,若供气时间不足以安全撤离,应增加携带数量。发生意外时,面罩或头套完整地遮住口、鼻、面部甚至头部,打开气瓶阀(打开插销),迅速撤离危险环境。

7.3 坠落防护用品

有限空间作业环境经常存在有较大纵深的情况,如较深的雨水井、排水管道等。为防止可能发生的坠落的情况,并为进出有限空间进行作业、救援提供保障,需要合理地配置坠落防护用品。

根据有限空间作业场景,坠落防护用品的种类、应符合的规范、配置状态可见表7.1。

表7.1 坠落防护用品的种类、应符合的规范、配置状态

防护用品名称	规范	配置状态
全身式安全带	《坠落防护 安全带》(GB 6095—2021)	应配置
安全绳	《坠落防护 安全绳》(GB 24543—2009)	应配置
速差自控器(防坠器)	《坠落防护 速差自控器》(GB 24544—2023)	应配置
三脚架(含绞盘)	《坠落防护 挂点装置》(GB 30862—2014)	应配置

1. 全身式安全带

在使用全身式安全带时应根据作业场所的环境,选择合适标记的安全带。根据作业类别:W——围杆作业安全带、Q——区域限制安全带、Z——坠落悬挂安全带;根据产品性能:Y——一般性能、J——抗静电性能、R——抗阻燃性能、F——抗腐蚀性能、T——适合特殊环境(各性能可组合)。例如,"Q-JF"表示区域限制、抗静电、抗腐蚀安全带。作业人员应佩戴符合《坠落防护 安全带》(GB 6095—2021)规定的全身式安全带。全身式安全带如图7.9所示。

第7章 有限空间安全作业设备设施

图7.9 全身式安全带

2. 安全绳

安全绳即为在安全带中连接系带与挂点的绳。安全绳按材料类别分为织带式、纤维绳式、钢丝绳式和链式。当作业人员活动区域与有限空间出入口间无障碍物时,作业人员应佩戴符合《坠落防护 自控器》(GB 24543—2009)规定的安全绳,如图7.10所示。

图7.10 安全绳

3. 速差自控器(防坠器)

速差自控器又称为防坠器,是串联在系带和挂点之间、随人员移动而伸缩的绳或带,坠落时可引发锁止制动,要求人员体重加负重不大于100 kg。作业人员进出竖向有限空间过程中,存在坠落风险的,应尽可能选择速差自控器配合全身式安全带使用。每个出入口处应配置1个速差自控器。速差自控器(图7.11)应符合《坠落防护 速差自控器》(GB 24544—2023)的规定。

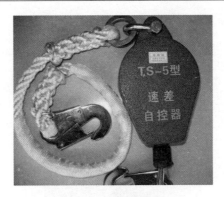

图 7.11　速差自控器

7.4　救援设备

有限空间作业应急救援时,为避免盲目施救而造成的伤亡扩大,进入有限空间内的救援人员除穿戴好个人防护设备之外,还应配备相应的救援设备。

1. 三脚架救援系统(含绞盘)

三脚架常用于有限空间(如地下井)防坠或提升,但没有可靠挂点的场所,与绞盘、安全绳、安全带配合使用。竖向进出有限空间的,每个出入口处应尽可能配置1套三脚架(含绞盘)。三脚架(含绞盘)应符合《坠落防护　挂点装置》(GB 30862—2014)的规定,其示意图如图7.12所示。

图 7.12　三脚架示意图

三脚架的使用可按照以下步骤进行:
①检查支架、脚链、速差自控器(防坠器)、绞盘等配件;
②放置三脚架;
③调节内外柱高度;

④调节定位链;
⑤安装绞盘;
⑥安装速差自控器(防坠器);
⑦救援时确保救援人员自身安全(气体检测仪、防护、监护、不触碰井壁)。

2. 侧边进入系统

侧边进入系统是一种常用于有限空间作业的安全进入工具,如图 7.13 所示。这种系统的主要特点是在有限空间的一侧设置一个专门的入口,作业人员通过该入口进入有限空间,如图 7.14 所示。

图 7.13　侧边进入系统　　　　　图 7.14　侧边进入系统现场使用

在实际应用中,侧边进入系统需要配备相应的设备,如梯子、脚手架、安全带、防护栏等,以确保作业人员的安全。同时,还需制定严格的安全操作规程,对作业人员进行培训和指导,确保有限空间作业的安全顺利进行。

7.5　其他个体防护用品

1. 其他防护用品配置要求

(1)其他防护用品主要包括安全帽、防护服、防护眼镜与面罩、防护手套、防护鞋(靴)等。

(2)作业单位应根据有限空间作业环境特点,按照《个体防护装备配备规范 第1部分:总则》(GB 39800.1—2020)、《头部防护 安全帽选用规范》(GB/T 30041—2013)、《防护服装 化学防护服的选择、使用和维护》(GB/T 24536—2009)要求为作业人员配备。

2. 防护用品要求

(1)安全帽,如图 7.15 所示。在选择安全帽时,应遵循《头部防护 安全帽选用规范》

（GB/T 30041—2013）的要求，依次考虑功能、样式、颜色和材质等因素。优先考虑安全帽的基本性能要求，包括冲击吸收性能、耐穿刺性能和下颚带的强度，这些性能能够保护头部免受物体坠落、碎屑飞溅、磕碰、撞击、穿刺、挤压、摔倒及跌落等危害。此外，还应考虑其他功能要求，如阻燃性、侧向刚性、防静电性、电绝缘性和防寒性等，以确保在特定环境下头部安全得到充分保护。

 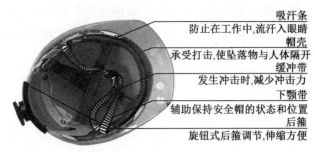

图 7.15 安全帽

（2）防护服，如图 7.16 所示。防护服必须根据使用环境选用，且符合国家标准。防护服应避免接触锐器，防止机械损伤。使用后严格按照要求进行维护，修理后应满足相关标准要求。清洗后应选择晾干，避免暴晒。存放时要远离热源，放于通风干燥处。

图 7.16 防护服

（3）防护手套，如图 7.17 所示。在选择防护手套时，应依据作业环境的特定需求，选用具备耐酸碱、绝缘、防静电等相应性能的手套，并确保定期进行更换，以维护其防护效能。使用前要检查，有无破损、磨蚀。使用中防止手套上的有害物质接触到皮肤和衣服，造成二次污染。橡胶、塑料手套用后应洗净、晾干，保存时避免高温，撒滑石粉防粘连。绝缘手套要用低浓度中性洗涤剂清洗。橡胶绝缘手套保存在没有阳光、湿气、臭氧、热气、灰尘、油、药品的较暗、阴凉的地方。

图 7.17　耐酸碱手套

(4)防护鞋(靴),如图 7.18 所示。防护鞋(靴)使用前检查是否完好,鞋底、鞋帮有无开裂,绝缘鞋检查电绝缘性。非化学防护鞋,应避免接触腐蚀性化学物质,一旦接触应及时清除。防护鞋(靴)应定期进行更换,使用后清洁干净,置于通风干燥处,避免阳光直射、雨淋及受潮,不与酸、碱、油及腐蚀性物品一起存放。

图 7.18　耐酸碱胶靴

(5)防护眼镜与防护面罩,如图 7.19、图 7.20 所示。有限空间内进行冲刷和修补、切割等作业时,避免沙粒或金属碎屑、焊接弧光、酸碱液体、腐蚀性烟雾可能对面部、眼睛造成伤害。

图 7.19　防护眼镜　　　　　　　图 7.20　防护面罩

7.6 其他安全设施

1. 通风设备

通风设备用于有限空间作业前、作业中和救援时的通风,风机与风管配合使用。

(1)通风设备的结构

有限空间常用的通风设备为手提式轴流通风机,如图7.21所示。其主要由风机和风管组成。

图7.21 手提式轴流通风机

(2)通风机的选择

在选择风机时,确保其风量能够克服整个系统的阻力。易燃易爆场所,用防爆通风机,且防腐蚀、粉尘磨损。风管应有足够的长度,能将新鲜空气送到作业面附近。

(3)通风机使用前的检查

使用前应检查风管有无破损,风机叶片是否完好,电线有无裸露,插头有无松动,风机能否正常运转。

2. 照明设备

有限空间作业常使用的照明设备有普通手电筒、手持式防爆灯或防爆头灯(图7.22至图7.24)。

有限空间内使用照明灯具电压应不大于24 V,在积水、结露等潮湿环境的有限空间和金属容器中作业,照明灯具电压应不大于12 V。可能存在易燃易爆物质的,照明设备还须达到防爆等级。

3. 通信设备

在有限空间作业,因距离或转角,监护人员无法了解和掌握作业人员情况,因此必须配备通信器材,与作业者保持定时联系。考虑到作业场所特点,配置的通信器材也应该选用防爆型的,如防爆电话、防爆对讲机等,如图 7.25 所示。井上和井下作业人员应事先规定明确的联系方式。

图 7.22　普通手电筒

图 7.23　手持式防爆灯

图 7.24　防爆头灯(配合安全帽使用)

图 7.25　通信用防爆对讲机

4. 安全梯

安全梯(图 7.26),用于作业人员上下有限空间及事故逃生。安全梯使用时应注意:
(1)使用前应检查是否完好;
(2)使用时应固定,设专人扶挡;
(3)梯子有人作业应设专人安全监护,梯子上有人作业时不准移动梯子;
(4)梯子上只允许 1 人在上面作业;
(5)折梯上第一踏板不得站立或超越。

图 7.26　安全梯

5. 安全色和安全标志

(1)安全色

安全色是用于传递安全信息含义的颜色,包括红、蓝、黄、绿四种颜色。根据《安全色》(GB 2893—2008)规定:

①红色:传递禁止、停止、危险或提示消防设备、设施的信息。

②蓝色:传递必须遵守规定的指令性信息。

③黄色:传递注意、警告的信息。

④绿色:传递安全的提示性信息。

⑤对比色:对比色是为了突出安全色所展示信息时所用到的颜色。安全色与对比色同时使用时,应按表7.2规定搭配使用。

表7.2　安全色与对比色

安全色	对比色
红色	白色
蓝色	白色
黄色	黑色
绿色	白色

(2)安全标志

根据《安全标志及其使用导则》(GB 2894—2008)安全标志及其使用导则规定,安全标志分为禁止标志、警告标志、指令标志和提示标志四大类型。

①禁止标志:禁止标志的基本形式是带斜杠的圆边框,常见的禁止标志如图7.27所示。

②警告标志:警告标志的基本形式是正三角形边框,常见的警告标志如图7.28所示。

图 7.27 禁止入内安全标志　　　　图 7.28 注意安全警告标志

③指令标志:指令标志的基本形式是圆形边框,常见的指令标志如图 7.29 所示。
④提示标志:提示标志的基本形式是正方形边框,常见的提示标志如图 7.30 所示。

图 7.29 必须戴安全帽指令标志　　　图 7.30 紧急出口提示标志

⑤文字辅助标志:文字辅助标志的基本形式是矩形边框,有横写和竖写两种形式,有限空间作业中通常采用横写文字辅助标志,常见的文字辅助标志如图 7.31 所示。

图 7.31 禁止吸烟辅助文字标志

⑥安全标志牌的使用要求。标志牌应设在与安全有关的醒目地方,并使大家看见后,有足够的时间来注意它所表示的内容。环境信息标志宜设在有关场所的入口处和醒目处;局部信息标志应设在所涉及的相应危险地点或设备(部件)附近的醒目处。标志牌不应设在门、窗、架等可移动的物体上,以免标志牌随母体物体相应移动,影响认读。标志牌前不得放置妨碍认读的障碍物。标志牌的平面与视线夹角应接近 90°,观察者位于最大观察距离时,最小夹角不低于 75°。标志牌应设置在明亮的环境中。多个标志牌在一起设置时,应按警告、禁止、指令、提示类型的顺序,先左后右,先上后下地排列。

(3)作业现场常用的安全标志,见附录 C。

6. 作业现场隔离、警示设施

作业现场隔离设施用于隔离作业现场,作业现场警示设施用于警示作业人员及无关人员注意安全。

(1)隔离设施

常用的有限空间隔离设施有锥桶、施工警戒线、施工护栏等(图7.32)。

(a)锥桶　　　　　　　　　(b)施工警戒线

(c)施工护栏

图7.32　作业现场常见的隔离措施

(2)警示设施

安全标志分为禁止、警告、指令和提示标志四大类型,应符合《安全标志及其使用导则》(GB 2894—2008)要求,安全警示牌示例如图7.33所示。

图7.33　有限空间安全警示牌

有限空间作业安全告知牌示例如图7.34所示。

图7.34　有限空间作业安全告知牌

附 录

附录A 考核大纲

A.1 房屋建筑与市政基础设施有限空间监护人员考核大纲

一、理论考核部分

(一)安全生产基本知识

1. 法律、法规和规章制度

(1)了解《中华人民共和国安全生产法》;

(2)了解《中华人民共和国刑法修正案(十一)》与刑法立法解释(涉及安全部分);

(3)了解《建设工程安全生产管理条例》;

(4)了解《中华人民共和国劳动法》和《中华人民共和国劳动合同法》;

(5)了解《中华人民共和国职业病防治法》;

(6)了解《生产安全事故应急条例》;

(7)了解《生产安全事故报告和调查处理条例》;

(8)了解《特种作业人员安全技术培训考核管理规定》;

(9)了解《重庆市安全生产条例》;

(10)了解《重庆市建设工程安全生产管理办法》。

2. 管理制度

(1)熟悉《建筑施工特种作业人员管理规定》;

(2)熟悉《危险性较大的分部分项工程安全管理规定》;

(3)熟悉《工伤保险条例》和《重庆市工伤保险实施办法》;

(4)熟悉《重庆市房屋建筑和市政基础设施工程有限空间作业施工安全管理规定(试行)》(渝建质安〔2022〕64号);

(5)熟悉《重庆市住房和城乡建设委员会关于进一步做好房屋市政工程有限空间作业安全管理工作的通知》(渝建质安〔2023〕37号);

(6)熟悉《应急管理部办公厅关于印发〈有限空间作业安全指导手册〉和4个专题系列折页的通知》(应急厅函〔2020〕299号)。

3. 标准规范

(1)掌握《缺氧危险作业安全规程》(GB 8958—2006);

(2)掌握《密闭空间作业职业危害防护规范》(GBZ/T 205—2007);
(3)掌握《城镇排水管道维护安全技术规程》(CJJ 6—2009)。

4. 权利义务和法律责任
(1)熟悉特种作业人员享有的基本权利;
(2)熟悉特种作业人员的基本义务;
(3)熟悉安全生产法律、法规的违法责任。

5. 安全标志、安全色的基本知识
(1)熟悉安全标志、安全色的分类;
(2)熟悉安全标志、安全色的设置方式和部位;
(3)熟悉作业现场常用的安全标志。

6. 有毒有害、易燃易爆气体检测知识
(1)掌握常见的有毒有害、易燃易爆气体的种类;
(2)掌握常见的有毒有害、易燃易爆气体的特性;
(3)掌握常用的气体检测报警仪的种类与组成、工作原理、选用与维保知识。

7. 安全防护设备设施知识
(1)掌握呼吸防护用品的种类、作用与要求;
(2)掌握坠落防护用品的种类、作用与要求;
(3)掌握其他个体防护用品的种类、作用与要求;
(4)掌握安全器具的种类、作用与要求;
(5)掌握应急救援装备的种类、作用与要求。

8. 作业现场消防知识
(1)了解作业现场消防安全注意事项及消防设施种类、适用范围;
(2)了解作业现场火灾发生的常见原因或环节;
(3)了解防火措施及常见火灾的处置办法。

9. 作业现场安全用电基本知识
(1)了解电气设备安全基本常识;
(2)了解施工用电安全技术措施;
(3)了解手持电动工具安全使用常识。

10. 作业现场急救和避险自救知识
(1)掌握作业现场中毒和窒息急救知识;
(2)了解作业现场高处坠落、物体打击及创伤急救知识;
(3)了解作业现场触电、淹溺、火灾(燃爆)、坍塌等急救知识;
(4)了解职业病预防基本知识;
(5)了解作业现场避险自救常识。

(二)专业基础知识

1. 有限空间作业基本知识
(1)了解有限空间的定义、分类与特点;
(2)了解有限空间作业的定义与分类;

(3) 了解有限空间作业的风险特点。

2. 有限空间的基本构造

(1) 了解地下有限空间的基本构造,如地下管沟、涵洞、桩孔、井道、检查井室、化粪池、污水池、泵站等;

(2) 了解地上有限空间的基本构造,如发酵池、箱梁、粮仓、料仓、烟道等;

(3) 了解密闭设备有限空间的基本构造,如罐体等。

3. 掌握有限空间作业"十不准"与"十必须"

(三)专业技术理论

1. 有限空间作业安全管理与风险防控

(1) 掌握安全管理制度的建立;

(2) 掌握管理台账的建立;

(3) 掌握作业场所安全警示要求;

(4) 掌握安全教育培训内容及培训要求;

(5) 掌握监护人员职责与要求;

(6) 掌握有限空间危险有害因素分析;

(7) 掌握主要安全风险辨识与评估;

(8) 掌握现场事故隐患排查;

(9) 掌握作业现场安全交底内容及要求;

(10) 掌握现场安全检查内容及要求;

(11) 了解发包与分包单位的管理。

2. 有限空间作业流程

(1) 掌握作业审批阶段的工作内容;

(2) 掌握作业前准备阶段的工作内容;

(3) 掌握实施阶段的工作内容;

(4) 掌握作业结束阶段的工作内容。

3. 作业场所气体检测

(1) 掌握便携式、泵吸式和扩散式气体检测报警仪的使用;

(2) 掌握气体检测要求及浓度判定限值;

(3) 掌握气体检测记录的填写要求。

4. 个体防护用品及安全器具的配置与使用要求

(1) 掌握个体防护用品的配置要求;

(2) 掌握长管式呼吸器、正压式呼吸器、紧急逃生呼吸器的使用要求;

(3) 掌握安全帽、安全带、安全绳等其他个体防护用品的配置与使用要求;

(4) 掌握通风、照明、通信、围挡、警示设施等安全器具的配置与使用要求;

(5) 掌握三脚架救援系统、侧边进入系统等救援装备的使用要求。

5. 有限空间作业实施要求

(1) 掌握作业申请表、作业票的填写;

(2) 掌握进出各类有限空间的安全要求;

(3)掌握作业通风、照明、通信要求;

(4)掌握排水管道气囊封堵与导排水工艺;

(5)掌握排水设施检查、疏通、清掏、维修作业要求;

(6)掌握化粪池清掏作业要求。

6.作业现场应急处置要求

(1)掌握应急救援预案编制与演练要求;

(2)掌握应急救援装备配备要求与使用方法;

(3)掌握应急救援方式;

(4)掌握应急救援程序;

(5)了解心肺复苏术(判断、翻转仰卧、胸外按压、清除口中异物、人工呼吸);

(6)了解创伤救护方法(止血、包扎、骨折简单处理、搬运等);

(7)了解触电、淹溺、坍塌、灼烫、火灾等伤害处置方法。

7.有限空间典型安全事故案例分析

略。

二、安全操作考核部分

(1)掌握不同有限空间环境下(如地下管网、桩孔、化粪池等)的作业流程;

(2)掌握不同有限空间环境下防护设备设施配置要求;

(3)掌握作业审批各要素;

(4)掌握作业现场安全交底内容与要求;

(5)掌握作业区域围挡和警示设施的设置与检查;

(6)掌握扩散式、泵吸式气体检测报警仪的选择、操作和作业场所气体浓度判定限值;

(7)掌握通风、照明、通信设备等安全器具的选择与使用;

(8)掌握长管式呼吸器、正压式呼吸器、紧急逃生呼吸器、安全帽、安全带、安全绳等个体防护装备的选择和使用;

(9)掌握三脚架救援系统、侧边进入系统等救援装备的选择和使用;

(10)掌握中毒和窒息、燃爆、高坠、物体打击、坍塌、淹溺、触电等事故的处置程序,相关初期救治操作流程与要求;

(11)掌握排水管道气囊封堵方法;

(12)掌握作业结束后的人员、物资清点及现场恢复。

A.2 房屋建筑与市政基础设施有限空间作业人员考核大纲

一、理论考核部分

(一)安全生产基本知识

1.法律、法规和规章制度

(1)了解《中华人民共和国安全生产法》;

(2)了解《中华人民共和国刑法修正案(十一)》与刑法立法解释(涉及安全部分);

(3)了解《建设工程安全生产管理条例》;
(4)了解《中华人民共和国劳动法》和《中华人民共和国劳动合同法》;
(5)了解《中华人民共和国职业病防治法》;
(6)了解《生产安全事故应急条例》;
(7)了解《生产安全事故报告和调查处理条例》;
(8)了解《特种作业人员安全技术培训考核管理规定》;
(9)了解《重庆市安全生产条例》;
(10)了解《重庆市建设工程安全生产管理办法》。

2. 管理制度

(1)熟悉《建筑施工特种作业人员管理规定》;
(2)熟悉《危险性较大的分部分项工程安全管理规定》;
(3)熟悉《工伤保险条例》和《重庆市工伤保险实施办法》;
(4)熟悉《重庆市房屋建筑和市政基础设施工程有限空间作业施工安全管理规定(试行)》(渝建质安〔2022〕64号);
(5)熟悉《重庆市住房和城乡建设委员会关于进一步做好房屋市政工程有限空间作业安全管理工作的通知》(渝建质安〔2023〕37号);
(6)熟悉《应急管理部办公厅关于印发〈有限空间作业安全指导手册〉和4个专题系列折页的通知》(应急厅函〔2020〕299号)。

3. 标准规范

(1)掌握《缺氧危险作业安全规程》(GB 8958—2006);
(2)掌握《密闭空间作业职业危害防护规范》(GBZ/T 205—2007);
(3)掌握《城镇排水管道维护安全技术规程》(CJJ 6—2009)。

4. 权利义务和法律责任

(1)熟悉特种作业人员享有的基本权利;
(2)熟悉特种作业人员的基本义务;
(3)熟悉安全生产法律、法规的违法责任。

5. 安全标志、安全色基本知识

(1)熟悉安全标志、安全色的分类;
(2)熟悉安全标志、安全色的设置方式和部位;
(3)熟悉作业现场常用的安全标志。

6. 有毒有害、易燃易爆气体检测知识

(1)掌握常见的有毒有害、易燃易爆气体的种类;
(2)掌握常见的有毒有害、易燃易爆气体的特性;
(3)掌握常用的气体检测报警仪的种类与组成、工作原理、选用与维保知识。

7. 安全防护设备设施知识

(1)掌握呼吸防护用品的种类、作用与要求;
(2)掌握坠落防护用品的种类、作用与要求;
(3)掌握其他个体防护用品的种类、作用与要求;

(4)掌握安全器具的种类、作用与要求;

(5)掌握应急救援装备的种类、作用与要求。

8.作业现场消防知识

(1)了解作业现场消防安全注意事项及消防设施种类、适用范围;

(2)了解作业现场火灾发生的常见原因或环节;

(3)了解防火措施及常见火灾的处置办法。

9.作业现场安全用电基本知识

(1)了解电气设备安全基本常识;

(2)了解施工用电安全技术措施;

(3)了解手持电动工具安全使用常识。

10.作业现场急救和避险自救知识

(1)掌握作业现场中毒和窒息急救知识;

(2)了解作业现场高处坠落、物体打击及创伤急救知识;

(3)了解作业现场触电、淹溺、火灾(燃爆)、坍塌急救知识;

(4)了解职业病预防基本知识;

(5)了解作业现场避险自救常识。

(二)专业基础知识

1.有限空间作业基本知识

(1)了解有限空间的定义、分类与特点;

(2)了解有限空间作业的定义与分类;

(3)了解有限空间作业的风险特点。

2.有限空间的基本构造

(1)了解地下有限空间的基本构造,如地下管沟、涵洞、桩孔、井道、检查井室、化粪池、污水池、泵站等;

(2)了解地上有限空间的基本构造,如发酵池、箱梁、粮仓、料仓、烟道等;

(3)了解密闭设备有限空间的基本构造,如罐体等。

3.掌握有限空间作业"十不准"与"十必须"

(三)专业技术理论

1.有限空间作业安全管理与风险防控

(1)了解安全教育培训内容及培训要求;

(2)掌握作业人员职责与要求;

(3)掌握有限空间危险有害因素与风险源;

(4)掌握现场事故隐患;

(5)了解作业现场安全交底内容。

2.有限空间作业流程

(1)了解作业审批阶段的工作内容;

(2)掌握作业前准备阶段的工作内容;

(3)掌握实施阶段的工作内容;

(4)掌握作业结束阶段的工作内容。

3.作业场所气体检测

(1)掌握便携式、泵吸式和扩散式气体检测报警仪的使用；

(2)掌握气体检测要求及浓度判定限值；

(3)掌握气体检测记录的填写要求。

4.个体防护用品及安全器具的选择与使用要求

(1)掌握个体防护用品的选择；

(2)掌握长管式呼吸器、正压式呼吸器、紧急逃生呼吸器的使用要求；

(3)掌握安全帽、安全带、安全绳等其他个体防护用品的使用要求；

(4)掌握通风、照明、通信、围挡、警示设施等安全器具的使用要求；

(5)掌握三脚架救援系统、侧边进入系统等救援装备的使用要求。

5.有限空间作业实施要求

(1)掌握作业申请表、作业票的填写；

(2)掌握进出各类有限空间的安全要求；

(3)掌握作业通风、照明、通信要求；

(4)掌握排水管道气囊封堵与导排水工艺；

(5)掌握排水设施检查、疏通、清掏、维修作业要求；

(6)掌握化粪池清掏作业要求。

6.作业现场应急处置要求

(1)了解应急救援预案基本内容；

(2)掌握应急救援装备的选择与使用方法；

(3)掌握应急救援方式；

(4)掌握应急救援程序；

(5)了解心肺复苏术(判断、翻转仰卧、胸外按压、清除口中异物、人工呼吸)；

(6)了解创伤救护方法(止血、包扎、骨折简单处理、搬运等)；

(7)了解触电、淹溺、坍塌、灼烫、火灾等伤害处置方法。

7.有限空间典型安全事故案例分析

略。

二、安全操作考核部分

(1)掌握不同有限空间环境下(如地下管网、桩孔、化粪池等)的作业流程；

(2)掌握作业现场安全交底内容；

(3)掌握作业区域围挡和警示设施的设置与检查；

(4)掌握扩散式、泵吸式气体检测报警仪的选择、操作和作业场所气体浓度判定限值；

(5)掌握通风、照明、通信设备等安全器具的选择与使用；

(6)掌握长管式呼吸器、正压式呼吸器、紧急逃生呼吸器、安全帽、安全带、安全绳等个体防护装备的选择和使用；

(7)掌握三脚架救援系统、侧边进入系统等救援装备的选择和使用；

(8)掌握中毒和窒息、燃爆、高坠、物体打击、坍塌、淹溺、触电等事故的处置程序,相关初期救治操作流程与要求;

(9)掌握排水管道气囊封堵方法;

(10)掌握作业结束后的人员、物资清点及现场恢复。

附录 B 有限空间作业应急演练指导手册

B.1 有限空间作业及应急演练人员清单

为保证有限空间作业及应急演练有序开展,并达到警示教育的目的,应配备相应的演练人员。有限空间作业及应急演练人员清单见表 B.1。

表 B.1 有限空间作业及应急演练人员清单

角色名称	人数	角色职责	备注
主持人	1人	主持演练总体流程、旁白	声音洪亮、吐字清晰
公司领导	1人	批准应急预案启动	
项目经理	1人	作业审批、应急预案总指挥	
现场负责人	1人	作业现场指挥	
监护人员	2人	作业现场的通风、气体检测、信息报送	应以取得有限空间特种作业资格的人员为宜
作业人员	2人	进入模拟有限空间作业、扮演被困人员	应以取得有限空间特种作业资格的人员为宜
安全警戒人员	2~3人	应急救援现场封闭、警戒	
后勤保障人员	2~3人	应急救援物资准备、联络员	
抢险救援人员	4~5人	操作救援设备进入模拟有限空间抢救被困人员	应以取得有限空间特种作业资格的人员为宜
医疗救护人员	2~3人	被困人员急救	可视情况由取得有限空间特种作业资格的人员替换

B.2 有限空间作业应急演练物资清单(表 B.2)

表 B.2 有限空间作业应急演练物资清单

物资种类	名称	数量	示意图	备注
个体防护装备	安全帽	若干		每名演练人员配置1顶
	安全手套	若干		每名作业人员、救护人员配置1双
	防滑鞋	4双		每名作业人员、救护人员配置1双
	安全绳	4条		每名作业人员、救援人员配置1条
	安全带	4副		每名作业人员、救援人员配置1副

表 B.2(续1)

物资种类	名称	数量	示意图	备注
呼吸防护装备	长管式呼吸器	1套		供2名作业人员使用。送风式长管呼吸器,应配备长管及呼吸面罩,且至少需要2个连接口
	正压式呼吸器	2套		供救援人员使用。应配有呼吸面罩,且气体含量符合要求
	紧急逃生呼吸器	2套		供被困人员自救使用
通风设备	轴流式通风机	1台		供监护人员使用。手提式(便携式)轴流通风机,应配备风管
气体检测设备	便携式气体检测报警仪	3台		供作业人员使用。便携式四合一气体检测报警仪,可手动设置报警值

表 B.2(续2)

物资种类	名称	数量	示意图	备注
气体检测设备	泵吸式气体检测报警仪	1台		供监护人员使用。泵吸式四合一气体检测报警仪,可手动设置报警值,并配备软管
照明、通信设备	防爆照明灯	4个		供作业人员、救援人员使用。应有挂钩和松紧带,可安装在安全帽上
	防爆对讲机	5台		供作业人员、监护人员、救援人员使用
救援设备	三脚架	1个		供救援人员使用。应配有防坠器(速差自控器)
现场封闭、安全警示设施	围挡设施	若干		可由锥桶代替

表 B.2(续3)

物资种类	名称	数量	示意图	备注
现场封闭、安全警示设施	安全告知牌	1块		可根据作业现场环境放置于醒目位置
	安全警示牌	1块		应根据模拟有限空间作业环境选择相应的安全警示牌
	信息告知牌	1块		
	锥桶	若干		封闭作业场所
	警戒线	若干		封闭作业场所

表 B.2(续4)

物资种类	名称	数量	示意图	备注
现场封闭、安全警示设施	交通安全设施	若干		当模拟有限空间作业为占道作业时,应设置交通安全设施
	高可视警示服	若干		每名演练人员配置1件
急救设备	急救箱	1个		供救援人员或医护人员实施现场急救使用
	担架	1副		负责移送中毒、窒息人员
角色标志	角色名牌	若干		演练人员身份的标志,不同角色不同标志

表 B.2(续5)

物资种类	名称	数量	示意图	备注
被困人员	模拟假人	1个		用于心肺复苏模拟
扩音设备	无线话筒音响	1套		用于演练解说

注:所有设备应符合相关标准要求。

B.3 有限空间作业应急预案演练场地搭设方案

为达到演练效果,应搭设方便观众观看的演练场地,如图 B.1 所示。

图 B.1 有限空间作业及救援演练架

由于有限空间大多处于封闭环境,且外部人员难以观察其内部环境,因此在实际搭设演练场地时,应注意将有限空间内部环境展示给观众。在满足结构强度、刚度、稳定性的前提下,建议用脚手架或钢结构管材进行搭设,如图B.2所示。

图B.2　有限空间场景搭设图

B.4　有限空间作业及应急预案演练脚本

主持人:我们的演练马上开始!请各演习小组就位。

主持人:尊敬的各位领导、各位来宾,大家上(下)午好,欢迎各位来到有限空间作业应急预案演练现场,本次演练由×××、×××单位联合主办。接下来,请让我介绍出席本次演练观摩会的主要领导,他们是×××、×××。

主持人:首先有请领导×××致辞。

×××致辞:略。

主持人:感谢×××的精彩致辞。

主持人:我宣布,有限空间作业应急预案演练正式开始。本次参与演练的角色有项目经理、现场负责人、监护人员、作业人员、安全警戒人员、后勤保障人员、抢险救援人员、医疗救护人员等。

第一幕

演练人员就位,穿戴好安全防护装备,在演练平台最前排一字排开,主持人依次念出参演的角色,念到某个角色时,演练人员举手向台下示意。

主持人:本次作业涉及×××区某污水管道的清淤,该区域位于城区中心,紧邻居民区。鉴于作业地点的特殊性,我们强调在施工过程中必须将影响降至最低,严格禁止施工噪声的产生,并确保淤泥运输不会造成二次污染。在此前提下,确保现场安全、文明施工以及做好环境保护工作是本次作业的重点。由于管道中杂物多,采用吸污车或泥浆泵吸泥难度较大,因此我们在对施工现场进行调查分析比较后,采用人工清淤。淤泥装车外运的施工作业存在的主要危险源有一氧化碳、硫化氢、甲烷等易发生危害中毒、窒息、爆炸的气体。

(所有演练人员除了项目经理以及现场负责人外,有序退出演练平台,在一旁候场)

主持人：××××年××月××日(应为现场作业前一天)，安全总监会同班组长，组织工程、技术、质量、安全等部门进行现场作业条件确认后，现场负责人向项目经理提交了有限空间作业审批表，经项目经理审核后，报单位负责人签发了作业许可证。

(项目经理打开写有"同意作业"的文件向台下展示)

第二幕

(第二幕开始前，应将作业所需设备，摆放在演练平台一侧、方便拿取的位置)

主持人：××××年××月××日，清淤班组在某管道段，按计划开展管道清淤工作。

(作业人员上场，作业人员甲手持长管式呼吸器的电动送风机，作业人员乙手持长管，两人均系好安全带、安全绳，戴好安全手套，穿好防滑鞋，佩戴好便携式气体检测报警仪、防爆照明灯、防爆对讲机，并将呼吸器面罩套在脖子上)

(监护人员上场，均佩戴防爆对讲机，监护人员甲手持泵吸式气体检测报警仪及工具铲，监护人员乙手持轴流式通风机、风管)

主持人：本次作业有现场负责人1名、监护人员2名、作业人员2名。他们来到作业现场准备开展工作，作业前第一步，现场负责人对监护人员、作业人员进行了安全技术交底。

现场负责人(手持文件夹)：各位工友，我们今天的施工内容是×××区某污水管道的清淤作业，现在进行现场安全交底，我们应该注意以下事项。

(1)作业前监护人员应充分了解潜在的危险并且得到进入有限空间的批准，检查和清理作业现场，并进行现场监护，始终与作业人员保持联系。

(2)应严格遵守先通风、再检测、后作业的标准程序。先对有限空间持续进行强制通风，再对有限空间内上、中、下三个位置的气体进行检测并记录气体含量，满足要求后方可进行作业。

(3)作业过程中作业人员必须使用安全绳，正确穿戴安全防护装备。每班作业不得超过2 h。保持稳定的通风量，实时监测有限空间内是否存在有毒有害气体和其他可能引发安全事故的因素。严禁用纯氧进行通风换气。

(4)当作业人员发现作业环境存在不安全状态或者有特殊气味时应立即离开现场；在作业过程中作业人员有呼吸困难、心跳加快、呕吐、头晕等症状时，要及时求救；发现有人晕倒，监护人员应及时通知医疗救护人员，采取相应措施使其尽快脱离现场，如遇窒息等紧急情况时应保持稳定的通风量，检测气体浓度等待救援，不要盲目施救。

现场负责人：大家明白了吗？

作业人员及监护人员：明白！

(现场负责人将手持文件夹交作业人员及监护人员签字确认，签完字后展示)

主持人：(演练过程解说，演练人员按照主持人解说实施相应行为)

作业前作业人员甲打开井盖，监护人员甲使用泵吸式气体检测报警仪对有限空间内上、中、下三个位置的空气进行检测(将泵吸式气体检测报警仪的导管伸入模拟有限空间内，上、中、下三个位置都进行10 s以上的停留)，泵吸式气体检测报警仪显示此时可燃性气体浓度超标(监护人员甲双手手臂交叉，做警告手势)，于是监护人员乙使用轴流式通风机对井下进行强制通风，通风30 min后，监护人员甲再次使用泵吸式气体检测报警仪对有限空间的空气进行检测(同上),气体浓度符合相关要求,确认井下可以进入(监护人员甲比出"OK"手势)。

(作业人员戴好呼吸器,连接长管、面罩以及送风机,并将长管固定在专用腰带上)

作业点位于管道入口下方 15 m 处,取得作业许可后当班人员 4 人,作业人员按要求填写有限空间作业出入登记表,并穿戴好安全防护装备,其中包括安全帽、安全带、安全绳、防滑鞋、安全手套、长管式呼吸器、便携式气体检测报警仪、防爆照明灯、防爆对讲机(作业人员甲、乙在模拟有限空间旁站立,并按照主持人介绍顺序,依次向观众展示设施设备),并由监护人员进行检查。(监护人员对作业人员安全防护装备进行检查,进行如调整安全帽松紧、检查安全带松紧等动作)

之后作业人员甲、乙经监护人员甲许可进入井下作业(将安全绳固定在井内扶手上,手拿工具铲,进入模拟有限空间内)。

随着作业的进行,作业环境温度逐渐升高,15 min 后在清淤作业过程中,由于不便作业,作业人员乙擅自解除呼吸器(作业人员乙摘下呼吸面罩)。井下有毒有害气体浓度逐渐升高,气体检测报警仪发出警报(可利用现场扩音设备外放警报声),作业人员乙晕倒(作业人员乙趴在模拟有限空间内),作业人员甲尝试救援未果(作业人员甲来到作业人员乙身旁,晃动几下作业人员乙)迅速逃离有限空间[作业人员甲扔下工具铲迅速离开有限空间(不得摘下任何防护用具)],监护人员甲呼叫未收到响应(拿出防爆对讲机,呼叫作业人员乙)。

作业人员甲逃离有限空间后立刻向现场负责人做了报告。

作业人员甲(面朝现场负责人):不好了,不好了!作业人员乙没戴呼吸器晕倒了,并且他随身携带的便携式气体检测报警仪已经报警了。

现场负责人:好的,我知道了。请监护人员甲保持通风量并对有限空间内气体进行检测,请监护人员乙安置伤员后立刻拨打 120 急救电话。

(监护人员甲走到风机旁,拨动一下风机后,使用泵吸式气体检测报警仪进行检测;监护人员乙将作业人员甲搀扶到一旁安置后,拿出手机拨打 120 急救电话)

监护人员甲:(向现场负责人报告)报告,检测仪显示可燃性气体浓度超标,氧气浓度不足,怀疑被困人员窒息晕倒。

现场负责人:我马上上报公司领导,请求启动应急预案。

主持人:经检查,气体检测报警仪显示可燃性气体浓度超标,氧气含量低于限值,导致作业人员缺氧窒息。作业人员甲因正确佩戴呼吸器,在气体检测报警仪报警时立刻撤离有限空间,除大腿位置有擦伤之外,其他并无大碍。作业人员乙,因擅自解除呼吸器导致窒息晕倒,失去联系,现场负责人打电话给本单位负责人。

现场负责人:(掏出手机)报告领导,1 min 前 1 名作业人员在×××区污水管道的清淤作业时暂时失去联系,因为可燃性气体浓度超标,氧气浓度过低导致缺氧昏迷,我们不敢贸然进入,请求支援。

公司领导:请做好通风工作,持续监测,立即开始应急救援工作。

主持人:公司领导同时在 1 h 内向安全管理站做了报告。

(监护人员甲与现场负责人在演练平台左侧站立,监护人员乙搀扶作业人员甲退出演

练平台)

主持人:在现场负责人拨打电话向公司领导报送事故的同时,监护人员甲、监护人员乙拨打电话"119""120"请求救援。

监护人员甲(乙):接线员,你好,我们在××街道×号附近,×××区污水管道清淤作业现场,我们在进行污水管道清淤作业时,有1名作业人员在污水管道内由于可燃性气体浓度超标,氧气浓度过低发生昏迷,目前已经失去联系。我是监护人员甲(乙),电话号码:135×××××××。

第三幕

主持人:得到事故报告之后,项目经理立刻启动应急预案,组织人员进行抢险救援工作。

(项目经理在前,3个小组按照安全警戒组、抢险救援组、后勤保障组顺序从演练平台右侧上台,项目经理于演练平台左侧站立,3个小组在演练平台右侧站立,排成竖排)

(安全警戒组,手持锥桶、警戒线)

(抢险救援组,2名负责下井救援的组员,均系好安全带、安全绳,戴好安全手套,穿好防滑鞋,佩戴泵吸式气体检测报警仪、防爆照明灯、防爆对讲机、便携式气体检测报警仪以及正压式呼吸器,站在整排最后)

(后勤保障组,手持担架、救援物资)

项目经理:请各小组报告人员到位情况。

安全警戒组小组长:报告总指挥,安全警戒组应到×人,实到×人,报告完毕。

抢险救援组小组长:报告总指挥,抢险救援组应到×人,实到×人,报告完毕。

后勤保障组小组长:报告总指挥,后勤保障组应到×人,实到×人,报告完毕。

项目经理:各小组立即按照预案开展救援工作。

各小组长:收到,我们马上落实。

主持人:根据应急预案,在做好通风工作的同时2名佩戴正压式呼吸器的抢险救援人员立即下井,将井内被困人员救出至空气流通开阔地带,并视情况对其进行急救处置。

主持人:此时救护车、消防车已抵达现场,安全警戒组小组长带领人员封闭现场,严禁无关人员进入(拉警戒线后,在锥桶旁站立)。

抢险救援组小组长带领人员准备开始抢险救援(在井口展开三脚架,使用泵吸式气体检测报警仪对有限空间内气体进行检测,另外2人戴好正压式呼吸器)。

后勤保障组小组长协调好应急救援物资,确保救援工作正常开展。

安全警戒组小组长:报告总指挥,安全警戒组已完成现场警戒任务。

项目经理:好,请做好现场安全警戒工作。

安全警戒组小组长:收到!

后勤保障组小组长:报告总指挥,救援物资已陆续到达现场,物资数量充足。脱险人员已经过应急处置,目前没有生命危险。报告完毕。

项目经理:好的,将脱险人员立刻送往医院进行全面检查,时刻关注抢险物资使用情况,及时进行补充。

后勤保障组小组长：收到！

抢险救援组小组长：报告总指挥，已做好持续通风工作，气体检测报警仪显示各项气体指标正常，请求进入井下开始救援。

项目经理：好的，请立即开始抢险救援工作。

抢险救援组小组长：收到！

主持人：（演练过程解说）

应急救援人员迅速穿戴救援装备及防爆对讲机，准备进入井下救援。（2名应急救援人员，将安全绳固定在扶手上，进入井下；1名应急救援人员控制绞盘，手扶三脚架）

应急救援人员进入井下进行救援。（2名应急救援人员顺着扶手进入井下，其余应急救援人员摇动绞盘，扶住三脚架，救援过程中应急救援人员与外部人员保持信号联络）

应急救援人员发现被困人员，立即向项目经理汇报。（应急救援人员来到作业人员乙身旁，晃动几下作业人员乙）

应急救援人员（手持防爆对讲机）：报告总指挥，已经发现被困人员，他还未恢复意识，请外部人员做好接应工作。

项目经理：收到！各单位准备接收被困人员。

应急救援人员把被困人员转移到入口下方，配合外部应急救援人员使用三脚架，将昏迷者拖出有限空间。

（内部应急救援人员将呼吸面罩重新给被困人员佩戴上，并一前一后，将被困人员移动到井口下方，外部应急救援人员放下三脚架挂钩以及防坠器挂钩，内部应急救援人员将挂钩挂在被困人员安全带的U形扣上，向外部应急救援人员示意，外部应急救援人员手摇绞盘，将被困人员抬升到井口上方，后勤保障人员将被困人员放置到担架上，并取下挂钩和呼吸器）

应急救援人员对作业人员乙实施现场急救，实施心脏复苏术（此时可用假人替换）。

后勤保障组小组长与医疗救护人员进行了简单沟通，交代了被困人员情况，经过现场救治，被困人员恢复意识，经过初步检查已基本脱离生命危险，并送往医院做进一步治疗。

（后勤保障组管理急救箱的2名组员来到项目经理面前进行汇报）

项目经理：请立即前往医院进行跟踪观察，及时汇报。

后勤保障组组员1：收到，有情况及时汇报。

主持人：经过各小组对事件的跟踪，相继传来消息。

后勤保障组组员1：报告领导，监护人员甲已陪同伤者前往医院，传来最新消息，作业人员乙已经脱离危险，各项生命指标良好，情绪状态稳定，报告完毕！

后勤保障组组员2：报告领导，已与作业人员乙的家属联系，家属情绪稳定，报告完毕！

项目经理：收到！

项目经理：报告领导，经过多方共同努力，有限空间内被困人员已救出，解除应急响应。

主持人：根据《生产安全事故报告和调查处理条例》第九条规定，事故发生后，事故现场有关人员应当立即向本单位负责人报告；单位负责人接到报告后，应当于1小时内向事故发生地县级以上人民政府安全生产监督管理部门和负有安全生产监督管理职责的有关部门报告。

第十二条规定,报告事故应当包括下列内容:

(一)事故发生单位概况;

(二)事故发生的时间、地点以及事故现场情况;

(三)事故的简要经过;

(四)事故已经造成或者可能造成的伤亡人数(包括下落不明的人数)和初步估计的直接经济损失;

(五)已经采取的措施;

(六)其他应当报告的情况。

本次事故要引起重视,吸取教训,按"四不放过"原则处理。"四不放过"是指事故原因未查清不放过、责任人员未处理不放过、整改措施未落实不放过、有关人员未受到教育不放过。

主持人:参与本次有限空间安全作业及应急演练的各位同事,我谨代表组织者向大家表示感谢。通过今天的演练,我们不仅检验了应急预案和操作流程,也提高了应急响应能力和团队协作精神。

在后续的工作中,大家应将今天学到的知识和技能应用到实际工作中,时刻保持对有限空间作业安全的警觉性。请大家务必严格遵守有限空间作业的安全规程,执行各项安全措施,确保自身和他人的安全。

同时,我建议相关部门对今天的演练进行总结,找出存在的问题和不足,进一步完善我们的应急预案和操作流程。我们要通过不断的培训和实践,提高自身的安全管理水平和应急响应能力。

最后,希望大家能够将有限空间安全作业的重要性传达给每一位同事,共同营造一个安全的工作环境。谢谢大家!

有限空间作业应急预案演练脚本说明:

(1)脚本中出现的具体地名、单位名称、角色名称均可由演练开展单位自行拟定。

(2)脚本中"( )"中的内容,为角色应做的动作。

(3)脚本中所述"×××"均为参与演练的具体地名、人名、联系方式,由演练开展单位自行拟定。

(4)主持人在进行演练过程解说时,应注意停顿以给演练人员完成动作的时间。

附录 C 有限空间安全标志

C.1 有限空间警示标志设置。

有限空间警示标志设置见表 C.1。

表 C.1 有限空间警示标志设置

有限空间种类	有限空间名称	主要危害因素与后果	设置警示标志名称
地下有限空间	地下室、地下仓库、隧道、地窖	缺氧	当心缺氧、注意通风
	地下工程、地下管道、暗沟、涵洞、地坑、废井、污水井(池)、沼气池、化粪池、下水道	缺氧,硫化氢中毒,可燃性气体爆炸	当心中毒、当心缺氧、当心爆炸、当心坠落、注意通风、必须系安全带、必须戴防毒面具
地上有限空间	储藏室、温室、冷库	缺氧	当心缺氧、注意通风
	酒糟池、发酵池	缺氧,硫化氢中毒,可燃性气体爆炸	当心中毒、当心缺氧、当心爆炸、注意通风、必须戴防毒面具、必须系安全带
	垃圾站	缺氧,硫化氢中毒,可燃性气体爆炸	当心中毒、当心缺氧、当心爆炸、注意通风、必须戴防毒面具
	粮仓	缺氧,磷化氢中毒,粉尘爆炸	当心中毒、当心缺氧、当心爆炸、注意通风、必须戴防毒面具
	料仓	缺氧,粉尘爆炸	当心缺氧、当心爆炸、注意通风
密闭设备有限空间	船舱、储罐、车载槽罐、反应塔(釜)、压力容器	缺氧,一氧化碳中毒,挥发性有机溶剂中毒,爆炸	当心中毒、当心缺氧、当心爆炸、注意通风
	冷藏箱、管道	缺氧	当心缺氧、注意通风
	烟道、锅炉	缺氧,一氧化碳中毒	当心中毒、当心缺氧、注意通风

注:此表仅供参考,各单位可结合本单位有限空间作业场所实际情况和行业规范有关要求,自行选择相关警示标志进行设置。

C.2 建筑施工现场安全标志

对于有限空间作业,可根据现场风险情况选择相应的安全标志(图 C.1)。

(a)

图 C.1 安全标志

(b)

图 C.1(续 1)

(c)

紧急出口 b
(d)

可动火区
(e)

避险区
(f)

紧急出口 a
(g)

图 C.1(续2)

C.3　有限空间安全告知牌及警示牌

有限空间安全告知牌及警示牌如图 C.2 所示。

图 C.2　安全告知牌及警示牌

附　录

(g)

(h)

(i)

(j)

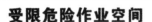

(k)

(l)

(m)

(n)

图 C.2（续1）

(o)　　　　　　　　　　　　　(p)

图 C.2(续 2)